香螺遗传育种研究与养殖加工技术

王庆志　孙永欣　郑　杰　郝振林　滕炜鸣　主编

中国农业出版社

北　京

本书编写人员

主编：王庆志　孙永欣　郑　杰　郝振林　滕炜鸣

参编：李华琳　王　朔　李大成　于佐安　于　笛

　　　刘项峰　张　云　谢　玺　曲　亮　刘忠颖

　　　龚艳君

香螺 （*Neptunea arthritica cumingii* Crosse） 隶属于软体动物门 （Mollusca）、腹足纲 （Gastropoda）、新腹足目 （Neogastropoda）、蛾螺科 （Buccinidae）、香螺属 （*Neptunea*），在我国主要分布于渤海和黄海海域，以辽宁大连海域产量最高。香螺肉质鲜美，营养丰富，具有很高的食用价值，深受人们喜爱，现已成为我国北方沿海主要的经济贝类。目前，香螺主要通过野外捕捞获得，国内外关于香螺人工繁育方面的研究相对较少，人工繁育技术需要进一步研究。为缓解香螺资源捕捞压力，满足人们日益增长的消费需求，深入进行香螺繁殖生物学及人工繁育技术的研究就显得尤为迫切和重要。另外，香螺在国内中部及西部地区鲜为人知，开展香螺的营养价值和食用方法研究，可使更多人逐渐了解、接受这种新兴的海洋食品，促进香螺相关产业的发展。

正是基于这样的现实需求，我们组织多位专家编写了本书。书中阐述了香螺的分类学地位、形态特征、繁殖与发育等理论知识，同时详细介绍了香螺的人工育苗、自然采苗、健康增养殖、病害防治等关键技术环节。此外，书中还探讨了香螺分子遗传学与遗传育种研究的最新进展，以及产品开发与加工等实际问题。

在编写的过程中，我们力求内容的准确性和实用性，希望能够为读者提供前沿科研成果和实用技术指导。本书可供海洋生物学研究者、水产养殖技术人员、高校相关专业师生以及对海洋生物有兴趣的读者阅读、参考。

我们期待读者的反馈和建议，以便在未来的工作中不断完善和提高。

编　者

2024 年 12 月

CONTENTS 目 录

1 绪　论

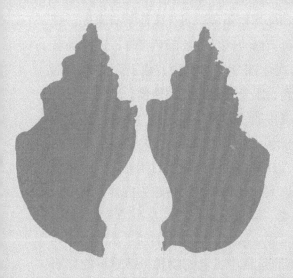

香螺（*Neptunea arthritica cumingii* Crosse）是一种海洋贝类，属于软体动物门（Mollusca）、腹足纲（Gastropoda）、新腹足目（Neogastropoda）、蛾螺科（Buccinidae）、香螺属（*Neptunea*）（彩图1）。

1.1　蛾螺科简介

蛾螺科分类地位确立于1815年，目前已发现大约150个属或亚属，总计约1 500种（张素萍，2008）。这些物种广泛分布于从两极至热带的淡水及海水中，其中大多数生活在海洋中，只有*Clea*属的种类生活在淡水中（Strong等，2008）。它们的分布范围从淡水或潮间带到海水及海底，甚至包括热液口，主要栖息于珊瑚礁、泥沙、岩石及软泥质海底。这一科的贝壳体型大小不一，范围从10mm到几百毫米不等。物种的体型增大和壳变厚与栖息地的海水深度和低温程度相关。蛾螺科的贝壳呈卵圆形或纺锤形，壳质坚硬，通常由螺旋部和体螺层组成。贝壳表面常有壳皮、螺肋、结节突起或短绒毛，有的种类具有缝合线。壳的颜色多样，通常为黄色、乳白色、棕色及黑色。它们的软体部分相对脆弱，藏于壳的螺旋部中，头部具有一对呈扁圆锥形的触角，眼部在触角基部外侧。口内含具有环纹的长圆柱形吻，口前端底部有成排的锉刀状结构，称为齿舌。齿式为1∶1∶1，中央齿具有37个齿尖，侧齿通常具有23个齿尖。栉状鳃有两个，细长而大小不等。足相当宽大，并有角质的厣用于封闭壳口。蛾螺科是肉食性螺类，部分物种为腐食性。大部分蛾螺科物种较为贪食，其中一些具有主动猎食性，主要以小型贝类、蠕虫、甲壳类以及小型鱼类为食。它们对环境的感知能力很强，对化学成分敏感，同时也能通过水流感知其他个体（张树乾等，2014）。作为新腹足目中古老的物种，蛾螺科的化石最早见于白垩纪时期。一般认为蛾螺科物种是在高纬度的温带海域完成进化，并于第三纪中新世开始物种分化（Taylor等，1980；Sohl，1987）。由于蛾螺是古老且分布广泛的物种之一，因此对研究生物的起源、迁徙及进化具有重要意义。

1.2　香螺的分类地位

香螺属于蛾螺科。由于蛾螺科物种分布广泛，相同或不同的地理环境导致其内部物种的外表出现趋同或趋异。这导致传统的通过外部形态学特征对物种进行分类的方式存在主观因素的干扰，难以得到可信的分类结果。因此，当时蛾螺科的分类具有大量地区性，缺乏统一的全球标准。有学者认为蛾螺科内的分类存在问题，约有 200 个蛾螺科物种在分类上存在争议（Harasewych，1990）。

1973 年，Ponder 将蛾螺科分为 4 个亚科（Ponder，1973）。到了 2005年，Bouchet 和 Rocroi 将蛾螺科进一步分为 6 个亚科，共包括 152 个属。随着对蛾螺科研究的深入，不断有新的种或属被发现。截至目前，我国沿海已发现的蛾螺科物种包括 13 个属，31 个种（刘月英等，1980；齐钟彦，1983，1989；李凤兰等，2000；董长永等，2008），其中部分种属如表 1-1 所示。

表 1-1　中国沿海蛾螺科种类及分布

属名	种名	分布
平肩螺属 *Japelion*	侧平肩螺 *Japelion latus*	中国黄海北部，朝鲜，日本
香螺属 *Neptunea*	香螺 *Neptunea cumingi*	中国黄海北部，朝鲜，日本
管蛾螺属 *Siphonalia*	褐管蛾螺 *Siphonalia spadicea*	中国黄海北部，朝鲜，日本
	纺锤管蛾螺 *Siphonalia tusoides*	中国黄海北部，朝鲜，日本
	略胀管蛾螺 *Siphonalia subdilatata*	中国黄海，朝鲜
蛾螺属 *Buccinium*	黄海蛾螺 *Buccinium yokomaruae*	中国黄海，朝鲜
	尖角蛾螺 *Buccinium undatum plectrum*	中国黄海北部，日本
	水泡蛾螺 *Buccinium pemphigum*	中国黄海北部，日本
	皮氏蛾螺 *Buccinium perryi*	中国黄海北部，日本

（续）

属名	种名	分布
甲虫螺属 *Pollia*	甲虫螺 *Cantharus cecillei*	中国黄海，朝鲜，日本
	波纹甲虫螺 *Cantharu sundasun*	中国东海、南海、海南，印度
	烟重甲虫螺 *Pollia fumosa*	中国南海，日本，菲律宾
褶纺锤螺属 *Plicifusus*	褶纺锤螺 *Plicifusus* sp.	中国黄海北部
东风螺属 *Babylonia*	方斑东风螺 *Babylonia areolata*	中国东海、南海，日本
	泥东风螺 *Babylonia lutosa*	中国东海、南海，日本
唇齿螺属 *Engina*	环唇齿螺 *Engina armillata*	中国西沙群岛，印度，西太平洋
亮螺属 *Phos*	亮螺 *Phos senticosus*	中国东海、南海，日本
土产螺属 *Pisania*	火红土产螺 *Pisania ignea*	中国台湾、海南、西沙群岛， 印度，西太平洋热带海域
海因螺属 *Hindsia*	缝合海因螺 *Hindsia suturalis*	中国南海、南沙群岛

1.3　香螺的自然分布

香螺主要分布于中国、朝鲜、日本等。在我国主要分布于黄海、渤海、东海，台湾东北部有少量分布，以大连市的黄海海域产量较高，山东近海渤海沿岸除长山列岛海域外有一定数量的香螺分布（波部忠重等，1983；杨德渐等，1996；Lee 等，2003；李荣冠，2003）。

1.4　生态习性和特征

香螺主要分布于石砾底和砂石底海域；栖息水深为 10～70m，其中 20～30m 处较集中；香螺栖于盐度较高（30～33.5）海区，盐度较低的河口一般无香螺，而 29～34 是香螺幼螺生长的最佳盐度范围（张旭峰等，2014）。香螺适温 0～24℃，最适水温 8～20℃（郭栋等，2015）。最适溶解氧为6～8mg/L（张倩鸿等，2022）。香螺为肉食性大型贝类，喜食固着于礁石上的蛤、紫贻贝等，并且香螺所产卵群附着于石块等固着物上，因此香螺多栖息于石砾底、砂泥底。

香螺有个重要的生态习性——聚集行为。聚集是一种重要的群体行为，代表了动物在面对恶劣环境时采用的生存策略。聚集行为产生的"群体效应"，如减少水分流失、减少能量损失以及捕食防御等，对动物具有重要意义。生物的聚集行为受到许多因素的影响，如环境温度、光照、生物特性和生物密度。这些因素对不同生物的聚集行为产生不同的影响。例如，海胆的密度和个体大小是影响它们聚集行为的两个最重要因素（Hagen和Mann，1994）；而腹足类动物 *Buccinum undatum* Linnaeus 的聚集行为受到水流的影响（Lapointe和Sainte-Marie，1992）。

先前的研究表明，香螺对不良环境变化表现出聚集行为。Yu等（2020）研究结果显示，在低温（4℃）或高温（22℃）下，稚螺通过增加聚集行为来适应恶劣环境。然而，在这两种温度下，它们的聚集行为有所不同。在聚集率方面没有显著差异，但在4℃时典型的聚集大小大于22℃时。在10℃或16℃时，稚螺的聚集行为减少。在10℃和16℃的饱食处理中，聚集增加。小型幼体倾向于具有更高的聚集率和更大的典型聚集体。更多的幼体分布在阴影基质的底部。在低温（4℃）下，更大的典型聚集体或更高的密度显著降低了稚螺的死亡率。这些研究有助于对腹足类动物聚集行为的理解，并用于发展或改进香螺的繁育和增养殖策略。

香螺属于中、大型贝类，体形较长，贝壳圆胖而厚重，整体呈纺锤形，中部较为膨大，两端较尖。约有7个螺层，在壳顶的第1个螺层甚小，为胎壳，以下逐渐增大，而以体螺层最大，体螺层长度几乎达壳全长的2/3。纵肋在壳顶以下的第2～5螺层较为清楚，各螺层表面肩部以上有3～5条螺旋状的螺肋排列，而螺肋之间还有细螺肋存在，肩部以下有2条螺旋状的较粗螺肋。各螺层间有缝合线区分，螺层外貌为谷仓形，因此螺层的肩部很明显，具有多个扁三角形的突起。香螺的贝壳颜色通常为浅褐色，表面覆盖土棕色、绒布状感觉的壳皮。壳口甚大，与前水管沟相连接，外唇在壳长达18cm以上者会加厚。常用形态学体制方位见图 1-1。

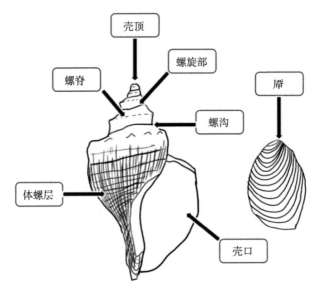

图 1-1　香螺常用形态学体制方位

螺旋部：内脏团螺旋盘曲的地方。

壳顶：螺最早的一层，位于螺旋部顶部。

厣：腹足类特有的用于保护自身的角质或石灰质器官，由足部分泌，大小与壳口相当。

壳口：体螺层的开口，头足可以由此伸出，足部的厣可以封住壳口。

体螺层：贝壳螺层的最下一层，用于容纳头部和足。

螺的方位：壳口向下，壳顶对观察者，壳口为前，壳顶为后，左侧为左，右侧为右。

壳高：壳顶到基部的距离。

壳宽：壳体两侧的最大距离。

螺脊：与螺层平行的脊状突起。

螺沟：与螺层平行的凹沟。

壳的左右旋：贝壳顺时针旋转为右旋，逆时针旋转为左旋。壳顶朝上，壳口朝向观察者，壳口在左侧为左旋，在右侧为右旋。

1.5 产业发展

中国是世界上螺类最大的生产国之一。2023 年，随着中国螺类养殖面积和产量不断增长，螺类养殖技术得到了进一步的发展。

1.5.1 螺类养殖面积情况

《2023 中国渔业统计年鉴》显示，2022 年，中国海水螺养殖面积达 38 950hm²，比 2021 年增加 11.94%，养殖面积最大的省份依次为江苏、广东、浙江、广西、山东、河北、福建和海南等。随着水产养殖技术的发展，中国螺类养殖的空间还将有可能持续扩大。

1.5.2 螺类养殖技术发展情况

在 2023 年，螺类养殖技术进一步发展。由于技术的革新，养殖条件得到了大幅度优化，养殖工作也变得更有效率。同时，我国正在加强螺类遗传育种技术的研究，提高养殖品质。

1.5.3 螺类养殖产量

根据《2023 中国渔业统计年鉴》统计，2022 年中国海水螺养殖产量达 323 079t，较 2021 年增长 7.83%。目前，中国是全球海水螺养殖产量最大的国家，其中养殖产量最高的省份依次为浙江、福建、山东、江苏、辽宁、广东、广西、河北等。

1.5.4 生产结构

2023 年，中国螺类养殖主要集中在南海、东部沿海及岛屿地区。在这些地区，螺类养殖将成为重要的支柱性产业。同时，南海地区也将成为中国螺类养殖行业的重点发展区域。总之，随着技术不断发展进步，2023 年中国螺类养殖的面积及产量继续增长，这将助推中国螺类养殖业的发展，成为农业经济增长的重要支柱。

1.5.5 香螺产业发展面临的挑战

目前，香螺的养殖产业发展还相对滞后，主要是因为香螺属于深海物种，对环境要求较高。然而，一些国家和地区已经开始探索香螺的养殖潜力，并试图开发可持续的养殖技术。以下是香螺养殖产业发展面临的一些关键点和挑战：

（1）养殖技术研究　由于香螺的特殊生活习性和环境要求，需要开展针对性的养殖技术研究，具体包括香螺的繁殖、幼体培育、饲料配方、生长环境控制等方面的技术。

（2）资源保护和野生种源管理　由于香螺主要生活在深海环境，野生种群的获取相对困难。在发展养殖产业时，需要确保对野生资源的合理利用和保护，并建立健全种源管理体系。

（3）市场需求和商业化　开发香螺养殖产业需要评估市场需求，并制定适当的商业化策略。这涉及市场营销、产品加工和品牌推广等方面的工作。

（4）环境影响评估　养殖活动对周围海洋生态系统可能产生一定的影响，因此需要开展环境影响评估，并制定适当的管理措施，以确保养殖活动的可持续性。

需要指出的是，香螺养殖产业的发展仍处于初级阶段，还需要进一步研究和实践。养殖技术的不断改进和在可持续发展方面的努力将有助于推动香螺养殖产业的发展。

2　香螺繁殖生物学

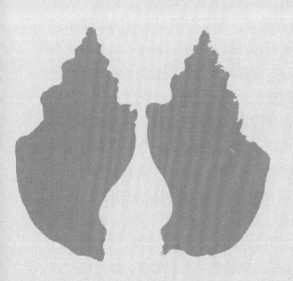

2.1 基础生物学

香螺生活在海洋中，通常栖息在珊瑚礁、海草床和岩石上，以海藻、小型无脊椎动物和其他贝类为食。

一般来说，香螺的生物学寿命通常在 10～15 年，但也有报道称一些个体可以活到 20 年以上，但是其生长速度非常缓慢。根据现有的一些研究，香螺通常在 2～4 龄达到性成熟。

香螺的繁殖与水温密切相关，每年 5 月下旬到 7 月上旬产卵，水温 11～19℃，一年只有一个繁殖期。香螺卵群多产在温度较高、光线较好、溶氧多及饵料丰富地区的岩石或者其他贝壳上。香螺雌雄异体，雌雄个体外形上无明显差别，但在繁殖季节可根据软体部交接器有无进行区分。

香螺的交配表现出多配偶制，至少与三个不同的伴侣进行交配。在相关研究使用的所有雄性和雌性香螺中，其中 43% 至少交配了一次。体型并不是影响交配时间的主要因素，但直接决定累积交配时间。在第一次交配之后，雄性表现出与非交配雌性相比更"倾心"于交配过的雌性的趋势。交配方式是雄性从雌性的后部接近，并爬上其壳。雄性可以从雌性身体的任何一侧爬上，但总是以逆时针方向爬向雌性壳的右侧，此时雌性可能通过侧身或暴露壳口来阻碍或促进交配。

在确定交配位置后，雄性会外翻其高度活动的交接器，寻找雌性的外套腔。如果雌性没有显示出拒绝的迹象，随后进行插入，整个交配持续时间为 6.4～128.5min。有时雌性香螺会表现拒绝行为，具体表现为伸出其吻部对准雄性的阴茎或足部用齿舌咬合，往往造成组织缺失的白色痕迹。此时雄性作出回应，也伸出吻部并进行反击。但大多数情况下，雄性很快就中止了交配。然而，有些雄性依然可以抵抗住雌性拒绝并且完成交配，但交配时间大幅缩短，平均为 13.7min。完成第一次交配后，雄性经过短暂的休息后会寻找下一个目标继续交配，通常这个间隔时间为 120～360min。

香螺属体内受精、体外孵化的物种，其繁殖力较弱。香螺一个繁殖季节只产一个卵群，当受到外界干扰时，会有多个卵群产出。不同亲螺产的

卵囊数不同，一般在 70～90 个；不同卵囊含的卵子数亦不同，一般在
1 000～3 000 个。总体上，香螺仍属于低交配率动物。实际生产中可人工
按照（2～3）∶1 的雄/雌比例，提高交配率和遗传多样性（Miranda 等，
2008）。

2.2　香螺生殖系统

香螺是雌雄异体生物，其性别特征在成熟个体中表现得尤为显著。相
较于雌性个体，雄性个体在体积上略显较小，贝壳颜色也相对较浅。最明
显的差异在于，雄性个体的右触角后部生有一条长条形的片状交接器，而
这一器官在雌性个体中并不存在。

2.2.1　雄性生殖系统

雄性生殖系统由生殖孔、交接器、输精管、贮精囊和精巢组成。

（1）生殖孔及其特征

位置：生殖孔位于交接器末端，是一个紧邻中央的小孔。

形态特征：生殖孔周边一侧的组织内凹，这在交配过程中具有关键作
用。孔壁结构与交接器相似。

功能：在交配过程中，生殖孔起着关键作用，使交接器能够深入雌
性生殖道。生殖孔的存在确保精子能够顺利输送至雌性体内，促成繁殖
过程。

（2）交接器及其特征

整体结构：交接器呈长条形、片状的结构，由肌肉组织构成。具备可
伸缩性，长度在 35mm 左右变动，宽度约为 12mm。

位置：交接器位于足部的右侧。

内部组织：内部含有一段输精管，与交接器的结构相连。表膜由单层
柱状上皮构成。

肌肉层：内部肌肉层包括环肌、纵肌和斜肌。这些肌肉层环绕着交接
器的输精管，结构类似于相连的输精管，但较为细长。

腺细胞：管壁内含有腺细胞，这些腺细胞附着纤毛。腺细胞的存在为

11

交接器的正常功能提供了保障。

（3）输精管及其特征

连接关系：输精管通过外套膜连接到贮精囊，最终与交接器相连。输精管在末端充当精子输出的通道。

结构特征：输精管穿过外套膜，附着在外套膜内头侧的肌肉层。与前段输精管相比，此段输精管较为粗大。外部覆盖环形肌肉。

管壁构成：输精管的管壁由较长的细胞组成。细胞内含有被 HE 染成淡红色的嗜酸性分泌物。细胞的游离面有相对较短的纤毛。细胞之间的突起使管腔形成许多突起。

内壁特征：内壁上可观察到一些由腺细胞围成的管状结构。腺细胞内含有染成淡红色的分泌物。细胞核被挤到细胞的一侧。

（4）贮精囊及其特征

位置：位于精巢下一螺旋的内侧。与输精小管相连，由一根长管往返折叠而成。各段相互紧密粘连，形成了一个外观上呈囊状的结构。

结构特征：贮精囊的管壁相对较薄。由单层柱状上皮构成。

精子发育阶段的变化：在精子发育成熟之前，贮精囊内的宫腔充满了大量纤毛。在精子成熟期，精巢逐渐退化，此时贮精囊的体积急剧膨大，为原来的 2～3 倍。

贮精囊内部：贮精囊内部充满了丰富的乳白色精液。制作涂片可以清晰地观察到大量的精子。

（5）精巢及其特征

位置：与肝脏紧密相邻，位于肝脏表面。在非繁殖季节，主要位于第 1～2 个螺层，体积较小，横切面呈月牙形，质地坚硬，呈橘黄色。在繁殖季节，体积显著增大，横切面近乎呈半圆形，质地相对柔软，颜色转变为乳白色。

结构与功能：由外膜和内部的生精小管构成。外膜分为两层，外层为单层细胞，内层主要由肌细胞组成。生精小管呈独特的辐射状分布，汇聚并与输精小管连接，形成有序网络。确保传递遗传信息，保证物种的繁衍。

生精小管的结构：管壁由单层细胞构成。内部包含不同阶段的精子细胞：精原细胞、初级精母细胞、次级精母细胞，最终形成精子细胞。细胞按顺序排列，各司其职，完成繁衍后代的任务。

精子细胞的发育过程：精原细胞为生精过程的起点，呈圆形，染色质颗粒丰富。初级精母细胞体积大，呈圆形，具有较大的细胞核和染色较深的染色体。次级精母细胞较小，但细胞核仍呈圆形，含有染色较深的染色质团。最终形成的精子细胞呈圆形或椭圆形，染色较深，体积较次级精母细胞小。

血管的重要性：在微观世界中，血管是各个阶段细胞的生命线，提供必要的养分和能量，确保繁衍过程的顺利进行。

2.2.2 雌性生殖系统

香螺的雌性生殖系统，包括卵巢、输卵管、受精囊、蛋白腺、产卵器以及产卵孔，构成了一个复杂而精密的系统。

（1）卵巢及其特征

位置：位于肝脏表面，与雄性精巢位置相同。

体积变化：在非生殖季节，体积小而不发达。在成熟季节，体积大而特别发达，横切面几乎可达 3/4 圆，呈淡黄色。

外围组织：与肝脏一同被一层基膜包围。

组成结构：由无数生殖小管构成，横切面呈辐射状排列。生殖小管最后汇集成一输卵管，输卵管较生殖小管粗。生殖小管内有滤泡细胞，核较大，染色呈蓝色。

生殖小管内细胞：包括卵原细胞和初级卵母细胞。卵原细胞近圆形，卵核膨大，染色质呈细丝状。初级卵母细胞近卵圆形，卵核膨大且透明，内含明显的近圆形核仁，周围有染色质细丝。

卵黄颗粒：卵原细胞的卵黄颗粒相对较少。初级卵母细胞内的卵黄颗粒增加。

（2）输卵管及其特征

形成过程：通过各级滤泡小管逐步汇集形成。逐渐形成螺旋形，延伸至卵巢内侧，最终与蛋白腺相连。

结构特点：管径细小。管壁非常薄。

组织构成：由单层柱状上皮构成。

上皮细胞特征：上皮细胞带有纤毛。细胞核位于细胞的基部。

（3）受精囊及其特征

位置：位于蛋白腺前端。

形状：为扇形突起的囊状结构。中央有管腔，与蛋白腺管腔相通。

功能：在香螺的生殖过程中，受精囊是卵细胞与通过交配进入的精子结合并完成受精作用的地方。成熟的卵细胞与精子在受精囊内结合。

组织结构：受精囊管腔周围为复层柱状上皮。上皮细胞均为分泌细胞。

分泌物差异：根据分泌物性质的不同，上皮细胞分为两类：靠近上层的上皮细胞分泌的是被 HE 染成淡红色的嗜酸性颗粒；靠近底部的上皮细胞分泌的是被 HE 染成深蓝色的嗜碱性分泌物。

生殖季节的变化：在生殖季节，受精囊内可见成团的精子细胞和卵细胞聚集。

（4）蛋白腺及其特征

大小：蛋白腺是雌性生殖系统中最大的结构。全长 20～30mm，最宽处直径可达 7～10mm。

形状：由对称的两侧叶组成。横切面呈半月状。在自然状态下，两叶半月形蛋白腺的凹面相互贴合，被一层薄膜覆盖，形成管腔封闭的完整体系。

位置：背部紧密贴附于外套膜内侧。稍呈弯曲状沿肠外缘分布。

结构：蛋白腺内含有缝状管腔，是分泌物的排出通道，也是精子进入和受精卵排出的门户。内层为结缔组织，含有丰富的分泌细胞。分泌细胞分为两种类型，根据分泌物的差异可分为两部分：前一部分颜色较浅，分界线呈 S 形，分泌细胞一侧具有明显核；其余部分为分泌物，与卵袋成形有关。

肌层：腺壁外层为厚实的肌纤维层。

功能：蛋白腺的缝状管腔起到分泌物排出的作用。在生殖过程中，是精子进入和受精卵排出的通道。

（5）产卵器及其特征

位置：产卵器位于卵囊腺末端的下腹位置，靠近卵囊腺端一侧较大，游离端较小，呈长圆锥形。末端是生殖孔。

中央管状结构：产卵器中央呈管状结构，一端与卵囊腺的缝状管腔相连接，另一端通过外生殖孔与外套膜相通。

管腔内结构：管腔内壁布满纵向褶襞，赋予其较大的伸缩性。管腔内侧的管壁由单层立方上皮组成。

外层结构：外层包括结缔组织和杯状细胞。

外围肌纤维：整个器官外围被一层厚厚的环形肌纤维所包被。

功能：产卵器的结构使其具有较大的伸缩性，成为雄性个体交接器插入的通道，同时也是受精卵和卵袋排出的通道。通过生殖孔与外套膜相通，实现卵子的排出。

2.3　精卵特征和发育

2.3.1　香螺精子发生过程超微结构

（1）精原细胞的特征

位置和分布：精原细胞位于卵泡壁周围的基底膜上。

形态和结构：胞体呈椭圆形或不规则的扁平多边形，含少量内质网。细胞核直径约为 $10\mu m \times 11\mu m$，占据细胞的绝大部分。异染色质相对较少，核膜清晰。经历一次有丝分裂后，胞体呈现圆形，直径达 $13\mu m \times 14\mu m$。有丝分裂后，核内染色质以斑块状不均匀分布为特征。

胞质变化：有丝分裂后，内质网池相对减少。虽然线粒体数量未见明显增加，但胞质的电子密度有所上升。

（2）初级精母细胞的特征

转化演变：由精原细胞经过转化演变而来。

形态和尺寸：初级精母细胞的体积稍有增大，呈椭圆形或近圆形，尺寸 $14\mu m \times 48\mu m$。

细胞核：核较大，尺寸为 $10.7\mu m \times 12\mu m$，稍微偏向细胞的一侧。核内染色质多数以小团块状分散，核膜清晰。未观察到核仁。

核周围的结构：核周围的隙缝较小，没有膨大成泡状结构。

细胞质：细胞器呈极性分布。大量线粒体充分发育，沿细胞的一侧集中分布，表现出明显的极性。

细胞器变化：核周围的内质网数量减少，溶酶体开始出现。

（3）次级精母细胞的特征

形成过程：由初级精母细胞经历第一次成熟分裂而产生。产生的时间相对较短，因为它们随后进行第二次成熟分裂，生成精子细胞。

形态和尺寸：次级精母细胞的体积较小，呈椭圆形，胞径 $5.6\mu m \times 12.1\mu m$，核径 $5.2\mu m \times 10.4\mu m$。

细胞分裂：初级精母细胞在分裂过程中，胞核首先分裂成两个，随后胞质分离，形成双核细胞。

桥连接：部分胞质通过桥连接。

核和细胞质：未观察到核仁，胞质内线粒体数量较多，集中在胞质的一侧，表现出更加明显的极性分布。

核糖体：核糖体仍然丰富。

（4）精细胞的特征　次级精母细胞经过第二次成熟分裂生成精细胞，在其分化为成熟精子的过程中，经历了一系列形态变化。这个过程可以根据香螺精子细胞内细胞核、染色质和线粒体的形态变化分为早期、中期和后期三个时期。

①早期精细胞

细胞形态和核形状：细胞形状不规则，可能有突起。核形状也不规则，可能存在一些突起。

核的特征：核体积相对较大，直径为 $7\sim7.6\mu m$。核内染色质较次级精母细胞的电子密度大，呈小团状分布。随着染色质浓缩，核周隙出现。

染色质变化：随着染色质的浓缩，核出现变形足似的突出。随着染色质的浓缩，核变小，染色质小团块逐渐消失，染色质分布均匀。

胞质特征：胞质的电子密度增大。线粒体数量较少，线粒体体积变大，嵴不明显。

②中期精细胞

核的形态变化：核的中部凹陷，由圆形逐渐变成椭圆。核的直径为

4.3～5.1μm。核膜非常清晰，没有形成核周隙。

染色质的变化：染色质浓缩成纤丝状纵横密布在核中。核内出现空泡，染色质继续浓缩。

核内结构和中心粒：中心粒位于核的凹陷处，为"9＋2"型结构。随着染色质的浓缩，核内出现空泡，细胞核进一步凹陷将中心粒包围，中心粒贯穿细胞核。

线粒体和细胞质变化：核凹陷处存在膨大的卵圆形线粒体，线粒体的数量不清，内部的嵴仍然明显。随着染色质的不断浓缩，线粒体内的嵴明显，形状发生变化。细胞内出现溶酶体。

细胞膜和细胞器：细胞膜围绕在核和线粒体外。细胞内缺少其他的细胞器。核和线粒体向两端突出，细胞已不是圆形。

③后期精细胞

染色质的进一步变化：原中期的细丝状染色质进一步浓缩，变得更粗，呈均匀的细线状。染色质排列不紧密，之间有空隙。染色质细丝扭曲盘绕，向高电子密度匀质状态转变。

核的形态变化：核不断地变细拉长，横切面直径为2～4μm。

尾部的线粒体鞘和轴丝：尾部的线粒体鞘基本形成，共有8个线粒体围绕在中心粒周围，呈梅花形。一条轴丝贯穿线粒体鞘和核，外面有褶皱的质膜包被。

精细胞分化和脱弃多余细胞质：精细胞继续分化，脱弃多余的细胞质，演变为成熟的精子（彩图2）。

2.3.2 典型性精子结构的描述

（1）精子的头部

形状：头部呈长形。

外部覆盖：外部有褶皱的细胞膜。

核形状：核呈长丝状，直径约为0.55μm。

核内部特征：核内没有空泡，电子密度极高且均匀。

核周围：由波浪状的膜包围，核中心是"9＋2"型结构的轴丝，核并不紧贴轴丝，中间有约0.025μm宽的缝隙。

（2）精子的中段

组成：中段由线粒体鞘和中心粒组成。

直径：中段直径约为 0.14μm。

结构：由 8 个线粒体螺旋组成，线粒体鞘套在轴丝的外部。

线粒体特征：螺旋中的线粒体呈变形，嵴明显可见。

轴丝：为"9 + 2"型结构，外部有一层有褶皱的膜包围。

（3）精子的主段（糖原段）

结构：主段是最长的一段，逐渐变细。

轴丝：中心的轴丝为"9 + 2"型结构。

颗粒状物质：主段周围有大量的颗粒状物质，即糖原颗粒。

糖原颗粒分布：糖原颗粒分布成 9 组，横截面呈梯形，放射状排列在轴丝周围。

质膜：糖原颗粒外部被一层质膜包裹，TEM 观察显示这层膜可能有规律性的褶皱。

（4）精子的末段

结构：末段较短，结构较为简单。

轴丝：无糖原颗粒包裹，仅外被质膜。

鞭毛：末端解体，失去典型的"9 + 2"结构。

2.3.3　畸变的生殖细胞和非典型性精子

（1）精巢内畸变的细胞　同正常细胞相比，畸变细胞内含有多个大小不同的圆形细胞核，且这些核并未浓缩。出现一些电子密度较高的圆形小泡，类似溶酶体，电子密度较高。胞质中缺乏大量线粒体，同时缺乏其他细胞器。

（2）贮精囊中的畸变精子　畸变的精子由头部和尾部组成。头部近椭圆形，形状不规则，由质膜包裹。头部内含有大量圆形物质，电子密度较均匀，内部有一个类似核的电子密度较高的小圆点。尾部中央有与头部相似的圆形物质，尾部两侧有四根轴丝，外部包裹着质膜。

综合观察，畸变的细胞和精子相较于正常细胞和精子，呈现以下特征：

①畸变的细胞　核的数量和形状异常，未经充分浓缩。出现电子密度较高的溶酶体样小泡。缺乏大量线粒体和其他细胞器。

②畸变的精子　头部形状不规则，内含有较多圆形物质，其中有高电子密度的小圆点。尾部中央有和头部相似的圆形物质。尾部具有四根轴丝。

这些特征表明畸变的细胞和精子在结构和形态上存在显著差异，可能反映了异常的发育或功能障碍。

2.3.4　卵子发生过程

（1）卵原细胞阶段　位于滤泡壁基底膜附近的卵原细胞，核直径为 $22.8\mu m$，是周围滤泡细胞核的 3.7 倍。显著的圆形核仁，胞质含有电子密度较高的颗粒物质。胞质中有少量线粒体，近圆形，嵴部发达，有游离核糖体。周边滤泡细胞的内质网池发达，线粒体呈圆形，蛋白颗粒较大。

（2）卵黄形成早期　卵母细胞胞质出现少量脂滴，线粒体大量存在，部分嵴消失。电子密度较高的蛋白颗粒和囊泡逐渐显现，脂滴外部有环状片层结构。胞质中的囊泡为单层膜结构，膜上有核糖体，卵细胞膜无微绒毛突起。

（3）卵黄合成中期　卵母细胞体积增大，胞质中出现成片脂滴。电子密度较高的蛋白颗粒和囊泡再次出现，线粒体膜逐渐消失。胞质中其他细胞器匮乏。

（4）卵黄合成后期　卵细胞核体积增大，核仁明显。卵黄颗粒直径增大，浓缩程度提高，电子密度均匀。线粒体数量减少，内部含有高电子密度物质。卵黄物质的积累导致卵细胞体积进一步增大，充满三种卵黄物质。

总体观察，香螺卵子发生过程与其他软体动物相似，但各期细胞结构存在一定差异，如线粒体嵴的状态、脂滴的形态、蛋白颗粒和囊泡的出现等。

2.3.5 卵子发生过程中的细胞器变化

（1）卵母细胞卵黄发生过程特征

线粒体变化：卵母细胞卵黄的形成通过线粒体演变而来。卵黄合成初期，线粒体典型，但部分嵴和内膜开始退化，内部空泡化。电子密度逐渐增高，最终演变为卵黄粒。

蛋白质合成过程：卵母细胞中存在大量膜外侧有核糖体的囊泡（内质网泡）。这些泡上的核糖体和游离核糖体合成蛋白质，形成蛋白颗粒。卵质中蛋白质浓度达到一定程度时，沉积形成电子密度高的颗粒。

卵黄前体形成：蛋白质颗粒相互聚集成团，形成较大的卵黄前体。进一步汇聚演变为更大的致密卵黄颗粒，边缘不光滑，电子密度稍低。

（2）滤泡细胞与卵黄发生的关系

滤泡细胞的特征：滤泡细胞胞质中有丰富的粗面内质网，形成粗面内质网池。内质网排列成同心圆，中央有脂滴，表明滤泡细胞有合成和分泌作用。

卵母细胞与滤泡细胞交互作用：卵母细胞质膜凹陷或变形足伸入滤泡细胞。滤泡细胞合成的产物通过内吞方式进入卵母细胞，可能是卵黄前体。

总体观察，香螺卵子发生过程中，卵母细胞卵黄的形成主要通过线粒体、核糖体等途径，而滤泡细胞在卵黄发生过程中扮演了重要角色（彩图3）。

2.4 受精与产卵

根据相关文献，雄性香螺展现出卓越的"侦探"能力，当其接近雌螺时，能够通过察觉一系列"交配线索"来辨别雌性是否曾经交配。这些线索包括其他雄性的黏液、精液残留物或信息素等。尽管这些线索促使雄性香螺更容易发起交配行为，但实际上，它们在识别"交配线索"方面存在一定的限制。雄性香螺只能准确辨别刚交配过的雌螺，而对于距离上次交配已过去 4～5d 的雌螺，则被视为未交配的个体。

雄性香螺在与雌螺交配时表现出一种精子排他性的行为。在交配过程中，雄性香螺会主动将先前雄螺产生的精液从雌螺体内移除，以确保自身基因有更大的可能性被延续。这也解释了雄性香螺为何不选择"未婚螺"。这一行为能够有效地延续体格强壮雄螺的后代。例如，若1只雌螺在短时间内与3只雄螺交配，那么最终交配雄螺亲生的后代将在这只雌螺所产后代中占据显著数量优势，亲生率甚至可达100%。当然，并非所有其他雄螺的精液都能完全被移除，仍有部分先交配的雄螺留下亲生后代。然而，后发制人的雄性香螺在延续自身基因方面优势显著。

尽管这种交配行为表面上对种群的延续和发展并没有直接正面作用，因为种群扩大需要更多雌螺繁育子代，雄螺争先恐后排斥其他精子的行为似乎无法达到这一目的。然而，幸运的是，雌螺在进行第一次交配后极度排斥短时间内的二次交配。在被强迫进行二次交配的情况下，雌螺会通过咬雄螺足或生殖器的方式进行反抗，中断交配过程。由于已交配雌螺的抵抗，其与后来者的交配时间明显缩短。例如，雌螺第一次交配时长41min，第二次为26min，第三次降至11min。然而，并非每次反抗都能成功，尤其是在与自己体型相当或更小的雄螺对抗时，这种反抗策略才显得有效。相反，在面对体型更大的雄螺时，雌螺通常被迫进行多次交配。

因此，体型较大的雄螺能够与更多的雌螺产生后代，有助于种群内更优良基因的延续。这种交配策略在繁殖季节表现得尤为明显，雄性香螺的交接器会伸入雌性交接囊中，将精子送入雌性输卵管并贮存，待卵子排出后完成受精过程。香螺的产卵时间为每年的5月下旬至7月上旬，产卵水温为（15.0±0.1）℃。雌体排出的卵群附着在礁石等固定物体上，每个受精卵呈瓜子状，尖头向外无规则排列形成卵袋。初产出的卵袋呈乳黄色，互相黏合形成塔形卵群，状似去除玉米粒的玉米芯（彩图4）。

2.5　胚胎发育

2.5.1　香螺胚胎发育观察

香螺的胚胎发育是贝类生殖生物学研究的重要课题，该过程在卵囊内进行，采用直接发生方式，因而具有高孵化率。郝振林等（2020）在大连海洋大学进行的研究中，将香螺的胚胎发育分为卵裂期、卵摄食期、胚壳形成期、壳发达期及稚螺期等 5 个时期。

卵裂期是香螺胚胎发育的初始阶段，包括单细胞期、三叶期、二细胞期、J 形期、五叶期、四细胞期及八细胞期等。这一阶段的卵裂方式为螺旋卵裂。卵裂期后，进入卵摄食期，胚胎能够吞噬营养卵，随着营养卵和蛋白腺液的耗尽，胚胎快速增大。

接下来是胚壳形成期，此时，营养卵被耗尽，蛋白腺液变得稀薄。胚胎被包裹在一层薄而脆的壳中，软体部呈淡灰色。在胚壳形成期，器官如眼、足、触角等开始形成。壳形成期内，体螺层和白色外唇部形成，壳体上部呈灰褐色，而壳体下部由淡白色变为灰褐色，足部出现色素沉着。此时，卵囊出现裂缝，使得幼体与外界环境直接接触。

当香螺发育到 1.5 个螺层时，从卵囊孵化而出，此时已经完成了胚胎发育至稚螺期的过程（彩图 5）。

香螺生殖繁衍过程呈现出一种独特而复杂的生物学现象。在其卵囊内部，可以观察到数百至上千个受精卵共存。然而，这些受精卵中，最终仅有极少数（1～2 个）能够成功孵化成为稚螺，而其他卵则扮演着营养卵的角色，为孵化后的稚螺提供必要的养分。

在卵的早期发育阶段，可育卵与营养卵在形态上极为相似，难以通过肉眼直接区分。然而，在胚胎发育初期，营养卵将停止细胞分裂，转而发挥为香螺提供养分的重要功能。这种转变标志着营养卵从潜在的生殖细胞转变为支持细胞，尽管它们在形态上可能仍然相似，但其生物学功能和命运却截然不同。

为了进一步探索可育卵和营养卵之间的差异性，科学家们采用了电子显微镜进行观察研究。他们发现，在可育卵和未发育的营养卵之间，尽管在宏观形态上几乎无法察觉差异，但在细胞分裂的微观过程中，可育卵却能展现出独特的生物学特性。这种微妙的差异，对于理解香螺生殖繁衍的生物学机制具有重要意义。但在极少数情况下，卵囊内可能发生多胎现象（葛新凡，2023）。

有关香螺胚胎发育过程中营养卵形成的机制以及营养卵为何不发育而为可育卵提供营养的作用机制，国内外专家存在不同的观点。一种科学假设认为，营养卵可能是未受精的卵，或者是不正常受精卵，还可能涉及亲本环境选择等因素。尽管具体机制存在不同的解释，但无论如何，香螺为其后代提供了一个可长期居住的大型卵囊，并为稚螺提前储备了足够的食物作为生活资本。因此，香螺后代的孵化率极高，可达到 90% 以上，这种繁殖策略在低等动物中可谓高明。

2.5.2　香螺胚胎发育相关调控基因

采用 RNA-Seq 技术对香螺胚胎在不同发育时期的转录本进行评估，对比分析了卵摄食期（LS）、胚壳形成期（PK）、壳发达期（FD）和稚螺期（ZL）。结果显示，组蛋白乙酰转移酶 300（histone acetyltransferase 300，p300）和 CREB 结合蛋白（CREB binding protein，CBP）在胚壳形成期的表达量上升，表明香螺胚胎发育与这两个基因存在显著关联，它们可能有助于推动香螺器官形成和胚胎发育。作为转录共激活因子，p300 和 CBP 在胚胎心脏发育过程中通过调控与心肌细胞增殖和分化相关的基因发挥作用（陈国珍等，2008）。

在 FD vs LS 组 KEEG 通路富集分析中，差异表达基因主要集中在蛋白质消化和吸收等重要通路。关键差异基因包括 *collagen alpha*-1（Ⅰ）*chain-like isoform X2*（*COL1A1*）、*collagen alpha*-6（Ⅵ）*chain-like*（*COL6A6*）、*collagen alpha*-2（Ⅳ）*chain-like protein*（*COL4A2*）、*collagen alpha*-3（Ⅵ）*chain-like isoform X11*（*COL6A3*）等。胶原蛋白作为生物高分子和动物结缔组织的主要成分，是分布广泛的功能性蛋白质，种类繁多，主要包括Ⅰ型、Ⅱ型、Ⅲ型、Ⅴ型和Ⅺ型（Jerome 等，2000；Frederick 等，2000；Hulmes，2002）。在水产无脊椎动物中，胶原主要可分为类Ⅰ型和类Ⅴ型，相当于脊椎动物的Ⅰ型胶原。值得注意的是，上述胶原蛋白基因在 FD 对比 LS 组的蛋白质消化和吸收通路中均呈现显著上调。

COL1A1，即胶原蛋白 α1 链，是一种重要的纤维形成胶原蛋白，其主要存在于大多数结缔组织中。在人体内，尤其在骨骼、角膜、真皮和肌腱等组织中，COL1A1 的含量十分丰富。作为一个重要的生物大分子，COL1A1 在机体细胞的增殖、凋亡等众多生物学功能中发挥着至关重要的作用（周明帅等，2022）。胶原蛋白Ⅰ型与皮肤形成的关系尤为密切。

在香螺的发育过程中，壳发达期的幼体开始与外界环境直接接触，此时皮肤已经形成。由此可以看出，COL1A1 在香螺发育过程中的重要作用。FD 与 LS 的对比研究中发现，COL1A1 在 FD 中的表达显著上调，这一现象可能与香螺幼体皮肤形成过程存在一定的联系。

进一步研究 COL1A1 在皮肤形成过程中的作用机制，有助于深入了解胶原蛋白 I 型在生物体生长发育中的关键作用。据此推测，COL1A1 作为一种纤维形成胶原蛋白，在骨骼、角膜、真皮和肌腱等组织中具有丰富含量，其在机体细胞增殖、凋亡等多种生物学功能中发挥着重要作用。胶原蛋白 I 型与皮肤形成密切相关，COL1A1 在 FD vs LS 组显著上调可能与香螺幼体皮肤形成过程存在一定联系。后续研究有望深入挖掘 COL1A1 在香螺胚胎皮肤形成过程中的作用机制，为相关领域的研究提供新的思路。

在对香螺胚胎发育过程的 ZL vs LS 组和 PK vs LS 组的 KEGG 通路富集分析中，发现了差异表达基因的主要聚集领域为细胞周期调控。这一发现揭示了细胞周期调控在香螺胚胎发育过程中的关键地位，为进一步研究该过程的分子机制提供了重要线索。在差异表达基因中，CREB 结合蛋白（CBP）和细胞周期蛋白 B2（Cyclin B2）尤为引人注目。CBP 在 ZL vs LS 组和 PK vs LS 组中显著上调，这一结果强调了 CBP 在香螺胚胎发育过程中的重要作用。作为一种转录共激活因子，CBP 在心脏发育中的研究已经表明，它通过调控与心肌细胞增殖和分化相关的基因来发挥作用。

Cyclin B2 同样是细胞周期调控过程中的关键成分。在 ZL vs LS 组和 PK vs LS 组的 KEGG 通路富集分析中，Cyclin B2 的表达差异显著。这进一步证实了 Cyclin B2 在香螺胚胎发育过程中的重要地位，同时也提示了细胞周期调控在胚胎发育中的关键作用。Cyclin B2 作为细胞周期蛋白家族的关键成员，与 p34cdc2 结合，是细胞周期调节机制的重要组成部分。其参与的途径包括有丝分裂中心体 Nlp 的丢失和细胞周期调控。Cyclin B2 在细胞分裂过程中发挥着关键作用，其在早期胚胎中的缺失可能导致 DNA 复制及核膜破裂延迟。这一发现表明 Cyclin B2 可能在香螺胚胎细胞分裂周期调控中发挥着重要作用。

Cyclin B2 作为真核生物细胞周期调控的重要元件，起着至关重要的作用。它主要通过调整周期蛋白依赖性蛋白激酶（Cyclin-dependent kinase，CDK）的活性，对细胞周期的进展进行精确控制（杨亚男等，2012）。在细胞分裂过程中，Cyclin B2 在胚胎发育的早期阶段具有关键地位，其水平的调控直接关系到细胞的有序分裂。在秀丽隐杆线虫（*Caenorhabditis elegans*）的早期胚胎中，缺乏 Cyclin B2 会导致 DNA 复制及核膜破裂的延迟现象（Michael，2016），这一发现强调了 Cyclin B2 在胚胎发育早期细胞分裂中的重要性。此外，在果蝇的早期胚胎发生过程中，*Argonaute*-1 基因通过调控 Cyclin B2 的表达，发挥了调控有丝分裂的作用（Pushpavalli 等，2014），这表明 Cyclin B2 在果蝇胚胎发育过程中受到了 *Argonaute*-1 基因的精确调控。

在家蚕胚胎发育这一复杂过程中，Cyclin B 家族基因被证实具有关键调控作用（刘丽华等，2016）。这一发现进一步强调了 Cyclin B 在动物胚胎发育中的普遍性以及在细胞周期调控中的关键地位。家蚕胚胎发育中的 *Cyclin B* 基因研究，为理解细胞周期调控机制提供了新的视角。此外，在爪蟾有丝分裂细胞的研究中也发现了 Cyclin B 蛋白。它在调节纺锤体形成过程中发挥作用，与其他生物的作用相同。这一现象表明，Cyclin B 在有丝分裂过程中具有高度保守的功能（Verde 等，1992）。这一研究成果不仅加深了对 Cyclin B 功能的理解，也揭示了它在细胞分裂过程中的关键作用。

细胞周期蛋白在卵裂和早期胚胎发育过程中发挥着至关重要的作用。在香螺的胚胎发育过程中，胚胎从最初的单细胞状态逐渐发育至稚螺期。这一过程中，细胞经历大量分裂和分化。研究发现，Cyclin B2 的表达水平在这个过程中呈现出显著的变化，这强烈暗示了 Cyclin B2 在胚胎细胞发育中具有重要的调控作用，可能参与了细胞分裂周期的调控。

在早期胚胎阶段，特别是在卵裂期，Cyclin A 和 Cyclin B 表现出一定的补偿作用。研究表明，即使敲除单个基因如 *Cyclin A*、*Cyclin B2* 或 *Cyclin B3*，有丝分裂仍能进行，但所需时间相对较长。这表明细胞周期蛋白在胚胎的早期阶段具有一定的冗余性，Cyclin A 和 Cyclin B 的相互补偿可能确保了细胞分裂的顺利进行。

细胞周期蛋白在水产动物胚胎发育中起着关键作用。过去的研究在水生动物的卵子发生机制方面取得了一定的进展，然而，关于香螺胚胎发育中Cyclin B的具体作用机制仍是一个值得深入探讨的领域。香螺作为一种典型的水生动物，其胚胎发育可能受到多种因素的调控，而细胞周期蛋白则是这个调控网络中的关键组成部分。

深入研究Cyclin B在香螺胚胎发育中的功能和调控机制，将有助于揭示胚胎发育的分子层面机制，并为水产动物繁殖与发育的研究提供新的视角和理解。从长远来看，这对于提高水产动物的繁殖率、促进胚胎发育以及优化养殖技术具有重要意义。因此，对Cyclin B的研究将成为水产动物科学研究的一个新的热点。

总之，细胞周期蛋白在香螺胚胎发育过程中具有重要作用，Cyclin B2的表达水平变化暗示其在胚胎细胞发育中具有重要调控作用。研究Cyclin B在香螺胚胎发育中的功能和调控机制，将有助于揭示胚胎发育的分子层面机制，并为水产动物繁殖与发育的研究提供新的视角和理解。这一研究领域具有广泛的应用前景，值得进一步探索。

3　香螺人工育苗

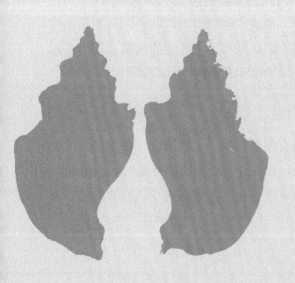

3.1　育苗场址选择与规划

选择适合香螺繁殖的场址是成功育苗的重要因素之一。以下是选择繁殖场址时需要考虑的几个关键因素：

3.1.1　水质条件

香螺对水质要求较高，需要选择水质清洁、富含氧气的环境。尽量避免选择水质受到污染的地方，如河流污染源、化工厂附近等。优质的水质有利于香螺的繁殖和幼休的生长发育。光照度在 1 000～2 000lx，盐度 30±2，pH（8.0±0.5），溶解氧≥6.0mg/L。此外，还需注意监测水质变化，确保水质始终保持在适宜范围内。

3.1.2　水深与水流

香螺通常生活在较深的海域，因此选择具有适宜水深的场址。同时，香螺也对适度的水流有一定的需求，水流能够提供氧气和食物，并帮助维持水质的稳定。因此，选择水流适中的场址有助于香螺的繁殖成功。在水流方面，应避免过于剧烈的水流，以免影响香螺的生活和繁殖。

3.1.3　底质类型

底质对于香螺的生活环境也具有重要影响。一般来说，香螺偏好较为坚硬的底质，如砂石或者岩石底质。因此，在选择繁殖场址时，应考虑底质的类型，并尽量选择适宜的底质条件。此外，还需关注底质的变化，及时调整以满足香螺的生活需求。

3.1.4　水温与环境条件

香螺对水温有一定的适应范围，一般在 12～20℃。因此，水温条件是繁殖场址选择的重要考虑因素之一。此外，还需考虑周围环境的影响，避免暴露于极端气温或其他不利的环境条件下。监测并调整水温，确保其在适宜范围内。

3.1.5 生态环境保护

在选择繁殖场址时，需要考虑保护生态环境的原则。避免选择对周围生态环境造成负面影响的场址，如珊瑚礁、海草床等生态敏感区域。选择合适的场址并采取环境保护措施，有助于维持香螺的生态平衡和资源可持续利用。同时，要加强生态环境保护意识，提高养殖户对生态环境的保护力度。

综上所述，选择适合香螺繁殖的场址需综合考虑水质、水深与水流、底质类型、水温与环境条件以及生态环境保护等因素。只有充分考虑这些因素，才能确保香螺繁殖的成功，实现可持续养殖。

3.2 育苗场基本设施

3.2.1 供水系统

（1）抽水设备

水泵：在供水系统中，水泵是关键设备。离心泵具有水量大、耐用等特点，适用于大中型育苗场。潜水泵有铸铁、不锈钢、玻璃钢等材质可选，水量较小，适合中小型育苗场。

管道：主要有 PVC 管、维塑管、编织管、弹簧管等类型，可根据实际需求选择。

抽水龙头：分为露于滩面和埋于沙面下两种。后者更适用于沙地，有利于水质保持清洁。

（2）沉淀池

储水量：一个处理好的沉淀池海水最佳使用期约为 30d。养殖场家可根据每天生产耗水量计算出相应沉淀池面积。

数量：沉淀池与养殖池比例为 1∶3，采用串联设计。有条件者可适当增加沉淀池，轮流使用以确保最佳水质。

深度：沉淀池深度以 1.5～2m 为佳，过浅会导致藻相不稳定，水质变化快；过深则可能导致底层海水缺氧，水质恶化。

沉淀时间：新抽的海水需经 15d 沉淀处理后方可使用。此时水质基本稳定，外源营养的原生动物和细菌已基本死亡，使用较为安全。

清理：沉淀池原则上每年清理一次，使用结束后放干剩水，晾晒干，用推土机将池底污泥清走，经过一段时间晾晒后再次使用。

在供水系统设计和运行过程中，还需注意以下几点：根据育苗场规模和需求选择合适的水泵和水管材质；合理安排沉淀池数量、深度和储水量，确保水质稳定；充分考虑沉淀时间，确保海水使用安全；定期清理沉淀池，维护水质和环境卫生；结合实际情况，可适当调整供水系统配置，以提高养殖效益和环境保护。

3.2.2 育苗车间的建设与布局

（1）育苗室的结构设计 育苗室的设计应以提供良好的生长环境为主要目标。它的结构主要包括砖墙和"人"字形屋顶。砖墙能够提供稳定的支撑，屋顶则有助于承受雨水和大风的侵袭。此外，为了保证种苗的生长不受光线影响，育苗室应采用不透光的材料进行建造。

在四周适量留出窗户，这样可以实现冬季保暖和夏季通风的目的。冬季，窗户可以遮挡寒冷的北风，使室内温度保持稳定；夏季，窗户可以打开，让清新的空气流入，降低室内温度，为种苗生长创造舒适的气候条件。

（2）育苗池的构建 育苗池是育苗车间的重要组成部分，其设计应考虑以下几个方面：

①容积 育苗池的容积应根据育苗车间的规模和需求来确定，一般在 $10\sim100m^3$。较大的容积可以满足大量种苗的生长需求；而较小的容积则适用于精细化管理，提高种苗的生长品质。

②形状 长方形是育苗池的理想形状。这种形状的育苗池有利于节约空间，提高利用率，同时方便管理人员进行清洗和维护。

③水深 育苗池的水深应在 $0.6\sim1.0m$。这样的水深既能保证种苗的正常生长，又能避免水温过高或过低对种苗的影响。

④建造方式 半埋式建造是育苗池的最佳选择。这种方式有利于节约土地资源，降低建设成本，同时便于排水和灌溉。半埋式的育苗池还可以在一定程度上保护种苗免受外界环境的影响，提高生长稳定性。

3.2.3 供气系统

(1) 增氧机的选择 在供气系统中，增氧机是关键设备。根据养殖场的规模和需求，可以选择不同类型的增氧机。微型充气机功率在 100～500W，具有机动灵活、无油污、噪声小等优点，适合小型养殖场使用。罗茨鼓风机功率在 1.0～1.5kW，风量大、风压足，虽然噪声较大，但适合中、大型养殖场。

(2) 气管和气石 水产养殖专用气管和气石的密度应在 0.5～1 个/m²。合理设置气管和气石，有利于提高养殖水体的溶氧量，促进香螺的生长和繁殖。

3.2.4 温控系统

香螺养殖与其他海水养殖品种不同，采用自然水温即可，无须供热加温设施。然而，香螺的生长和繁殖对温度有一定要求。为了保证香螺有良好的生长环境，可以根据其生态特性建设温室或配备温度控制系统，将水温控制在适宜的范围内。

3.2.5 供电系统

香螺养殖场的供电系统主要包括电厂供电和自备电源。为确保养殖场的正常运行，应确保电力供应稳定，同时配备备用电源，以防突发情况。

3.2.6 苗种饵料

提供适宜的饵料对于香螺苗种的繁育至关重要。在稚螺前期，需要投喂双壳类肉糜；当稚螺长度达到 12mm 以上时，可以投喂贝类碎肉、鱼肉等。合理配置饵料，有利于提高香螺苗种的繁殖率和生长速度。

3.2.7 其他配置

(1) 水质分析仪器设备 包括溶解氧、pH、氨氮、盐度、光照等分析设备。

(2) 生物观察室 包括显微镜、血球计数板等用于生物观察和监控。

（3）育苗用具 滤水器、水桶、水舀、量筒、捞网、附着基、吸污器等。

（4）疾病防控设施 疾病防控是香螺苗种繁育中的重要环节。建设适当的隔离设施、检疫措施和疫病监测系统，以减少疾病的传播和发生。

（5）监测与管理设备 建设监测设备和管理系统，用于监测关键环境参数、水质状况、饲料供应等，并实施合理的管理措施，以确保苗种的健康和良好的生长。

（6）安全设施 建设必要的安全设施，确保人员和苗种的安全，包括围栏、安全防护设备等。

3.2.8 抗生素的应用

在香螺养殖过程中，常见病害包括细菌性败血症、腹水病、腐皮病、白斑病、腐肉病等。为应对这些病害，通常可采用以下几类抗生素进行防治：

（1）喹诺酮类 包括氟苯尼考、恩诺沙星、盐酸环丙沙星等。这类抗生素具有广谱抗菌活性，对革兰氏阳性菌和革兰氏阴性菌均有效，也可用于治疗病毒性病害。

（2）磺胺类 包括磺胺甲噁唑、磺胺二甲嘧啶、磺胺甲基异噁唑等。这类抗生素主要用于治疗细菌性病害，对革兰氏阳性菌和革兰氏阴性菌均有一定的抗菌效果。

（3）其他类 包括氨基糖苷类、β-内酰胺类、大环内酯类等。这些抗生素的抗菌谱和作用机制各不相同，需根据具体的病原菌和病情选择合适的种类和剂量。

在香螺养殖业中，抗生素的应用已成为一种常见的疾病预防和治疗手段。然而，如何正确、安全地使用抗生素，以保障香螺的健康生长，同时避免抗生素的滥用和残留，是需要关注的重要问题。以下几点建议，对于香螺养殖过程中抗生素的使用具有一定的指导意义。

（1）选择合适的抗生素是关键 在选用抗生素时，应根据香螺所感染的病原菌种类、病情严重程度、生理状态以及养殖环境等多方面因素，综合考虑选择具有针对性、有效性、安全性和经济性的抗生素。这样可以确保抗生素的使用既可以达到治疗疾病的目的，又可以降低抗生素的滥用和不良反应风险。

（2）规范抗生素的使用剂量、频率、时间和方式至关重要 抗生素的过量、过频、过长或不规范使用，都可能导致抗生素残留、耐药性增强或毒副作用的发生。因此，养殖户应严格按照抗生素使用说明书和相关技术规范进行操作，确保抗生素在发挥治疗作用的同时，最大限度地降低其不良反应。

（3）减少或避免使用人类重要抗生素至关重要 四环素、红霉素等抗生素在香螺养殖中的滥用，可能会对人类健康造成潜在威胁。因此，在香螺养殖过程中，应尽量避免使用这些抗生素，以确保人类和香螺的双重安全。

（4）积极寻求抗生素的替代品是香螺养殖业的必然趋势 益生菌、寡糖、抗菌肽、中草药等替代品具有抗病、促生长、改善水质等作用，且具有无毒、无残留、无抗药性等优点，对于香螺养殖业的可持续发展具有重要意义。通过推广这些替代品的使用，不仅可以有效降低抗生素在香螺养殖中的滥用现象，还可以提高香螺的生长速度和品质，保障养殖户的经济利益。

3.2.9 光合细菌的应用

光合细菌在水产养殖领域的应用愈发广泛，其中红螺菌科（Rhodospirillaceae）的光合细菌因其独特优势而受到关注。这类细菌为革兰氏阴性菌，具有强大的水质净化能力。在养殖过程中，它们可以充分利用育苗水体中的 H_2S、NH_3、有机酸、有机物等物质生长和繁殖，从而达到净化水质的目的。即使在长时间不换水的情况下，也能保持良好的水质。

光合细菌的应用不仅局限于水质净化，还能提高饵料的营养价值。研究发现，光合细菌富含粗蛋白（65.45%）、粗脂肪（7.18%）、叶酸、多种维生素、氨基酸、类胡萝卜素、泛醌等营养成分。将这些光合细菌添加到饲料中，可以提高饵料的营养价值，从而促进养殖对象的生长发育。

为了充分发挥光合细菌在水产养殖中的优势，使用方法也非常关键。在水质净化方面，建议每立方米水体使用 10～15mL 光合细菌，每隔 2～3d 泼洒一次。在提高饵料营养价值方面，可以将光合细菌以 1%～2% 的比例加入饲料中投喂。

3.3　亲螺选择与运输

每年 2—3 月，是采集野生香螺的最佳时期。在这个时间段，从自然海区捕捞出野生香螺个体，可作为亲本用于香螺繁育。捕捞的香螺需满足一定的质量要求：首先，壳高需达到或超过 80mm，体重也要达到或超过80g，这是确保香螺个体成熟、肉质饱满的基础。其次，香螺的外壳应保持完整、清洁，软体部分不得受损，且不存在病害，这是保证香螺品质的关键。最后，捕捞的香螺应具备较强的活力，足部对外界刺激敏感，这意味着香螺具有较好的生长潜力。

捕捞到的香螺会被妥善运输至育苗场。运输过程中，需采用保温箱或保温车，并将温度控制在 6~10℃。此外，还需注意防晒和保持湿度，以保证香螺在运输过程中的生存状态。值得注意的是，香螺运输时间不宜超过 12h，以确保其活力。

3.4　亲螺培育和促熟

目前，亲螺的养殖方式主要有两种：一种是将其放入聚乙烯网笼内进行养殖，也被称为吊笼孵化；另一种是将其放置在网箱内进行养殖。这两种方法的目的都是为了增加养殖数量，提高养殖效益。

在养殖过程中，亲螺的培育密度十分重要。一般来说，培育密度控制在 5~10 个/层，80~100 个/m³ 较为适宜。这样的密度既能保证亲螺的生长空间，又能防止疾病的传播。此外，培育水温也是关键因素，一般控制在 8~10℃。这样的水温有利于亲螺的生长和发育。

为了保证亲螺的营养需求，养殖场每天会进行两次投喂，分别为上午和下午。饵料以活体贝类（如海湾扇贝、虾夷扇贝、菲律宾蛤仔等双壳贝类）为主，投喂量为亲螺体重的 5%~10%。养殖场会根据亲螺的残饵情况及时调整投喂数量，以避免浪费。同时，亲螺的残饵和粪便也会被及时清理，以保持水质的清洁。

在养殖过程中，日换水 1～2 次（根据水质情况而定），每次换水50%，连续微充气，隔天倒池一次。这样的管理方式有利于亲螺的生长，也有利于防止水质恶化。

为了让亲螺尽快达到性成熟，养殖场会采用促熟方法，即每天升温1℃，将水温升至 13～16℃。经过大约 90d 的培育，亲螺即可达到性成熟。这样既能缩短养殖周期，提高养殖效益，也能满足市场对亲螺的需求。

3.5 产卵与孵化

在繁殖季节，香螺的产卵活动呈现一定的规律。从 5 月下旬开始，直到 7 月上旬结束，是它们产卵的高峰期。为了确保繁殖的成功，产卵时的水温被严格控制在（15.0±0.1）℃。在此期间，香螺会自然交配，通过体内受精的方式完成繁殖。

在雌螺排出受精卵后，这些卵会形成卵袋，并附着在特定的物体上，如吊笼和网箱底板（彩图 6）。这些卵袋在固定物体上无规则地排列，为受精卵提供了安全的生长环境。为了进一步保护和培育这些受精卵，需将卵袋从原处转移到特定环境，进行集中的培育和孵化。在收集卵袋过程中，使用铲刀轻轻铲下卵袋，然后将其装入水箱或泡沫箱中。为了确保受精卵的清洁与健康，须用清洁海水对卵袋进行充分冲洗。最后，将卵袋移至室内，在室内育苗池内孵化。

在育苗池中，受精卵将继续生长发育。池中卵袋孵化密度控制在 200个/m² 以下，不宜过大。在自然水温下（17～20℃），40～60d 可孵化出稚螺。在同一簇卵袋中，边缘稚螺先孵化出来，然后逐步向中间延伸。孵化过程中，卵袋先从尖端裂开缝隙，稚螺壳口先出来，然后全身慢慢爬出。在此阶段，要对卵袋进行细致的观察和管理，确保孵化条件适宜，保证孵化率和成活率。

3.6 稚螺培育

稚螺培育是一项细致入微的工作，对于其生长和繁衍至关重要。在稚螺孵化后，需要将它们转移到特制的培育池中，这些培育池的底部铺设了波纹板，以提供适宜的生态环境。稚螺的培育密度应严格控制，过高的密度会导致相互捕食的现象发生，因此，每平方米的培育密度应不超过5 000个。为了确保稚螺的健康生长，最适水温维持在16～22℃。每天进行一次全量换水，并使用自然海水进行补充。此外，流水饲育方法有助于维持水质，因此在实际操作中应尽量采用。同时，每天都要进行充气增氧，确保稚螺获得足够的氧气。

随着稚螺的生长，池中的杂质和分泌物会逐渐增多，这会对水质产生负面影响。因此，需要定期进行倒池操作，一般是3～5d倒池一次，同时轻拿轻放，避免稚螺受到损伤。在倒池过程中，还要及时清理残饵和池壁、池底的污物，保持池水的清洁度。当长到一定规格后，稚螺进入中间育成阶段。

3.7 饵料投喂

稚螺孵化后的前两天，是其生命中的关键时期。在这段时间内，稚螺的胃部逐渐形成，为后续的生长奠定基础。此时，养殖者需密切关注稚螺的发育状况，确保其生活环境清洁、舒适。

从第3天开始，稚螺进入了生长迅速的阶段。每天傍晚，养殖者要进行投饵。投饵的过程要有计划、有针对性。初期，可以投放一些植物性饵料，如底栖硅藻等，以满足稚螺的基本营养需求。随着稚螺的生长，逐渐转向肉食性饵料，如贻贝、扇贝裙边、低档鱼等。值得注意的是，扇贝裙边和贻贝在投喂前要清洗干净，避免带入病原体或污染水质。

稚螺具有群居的生活习性，因此在投喂过程中，要根据稚螺的摄食情况灵活调整投饵量。日投饲量一般控制在稚螺体重的10%左右，力求投喂均匀，保证大多数稚螺都能摄食到饵料。随着稚螺的生长，要适时增加投饵量，以满足其日益增长的营养需求。

此外，养殖者还要做好水质管理，保持水体的清洁和透明度。剩余的饵料要及时清理，防止污染水质，影响稚螺的生长。同时，定期倒池及吸底，将剩余的残饵，池底、池壁的脏污和死亡个体及时清除，以保持养殖环境的卫生。

3.8　日常管理

日常要经常检查充气情况和水阀，稚螺有上爬的习性，每天定时将爬到池壁及外边的稚螺收集到池里，防止长时间干露而死。投喂、换水、倒池时附着基注意轻拿轻放，而且移动时池中要留有少量的水，以减轻附着基的重量，从而减轻对稚螺的损伤力度。

（1）水温管理　稚螺培育的水温应控制在 16～22℃。

（2）密度管理　稚螺的初始阶段密度为 5 000 粒/m³，随着稚螺的生长，需要及时分池喂养，调整培育密度。

（3）饵料投喂　孵化后的稚螺前期单独投喂双壳贝类肉屑；生长至12mm 以上，混合投喂双壳贝类肉屑与鱼糜；生长至 15mm 以上，混合投喂双壳贝类碎肉和杂鱼成体。日投饵量为稚螺体重的 10％～20％，根据实际情况进行调整，及时清理残饵。

（4）日常管理　采用长流水，流速≤0.2m/s，日换水率为 100％～150％。每 5～7d 倒池一次，2～3d 吸底一次。

（5）生长监测　定期观测稚螺生长、死亡情况，及时清除死螺，每10 天测量一次香螺规格、统计数量、调整养殖密度。

3.9　稚螺中间育成

香螺的苗种中间育成是指苗种从孵化出来到成为可以进行底播或上市销售的成体之前的这个阶段。这个阶段的目的是将稚螺培育到一定的规格和健康状况，使其能够适应更开放的养殖环境或直接进入市场。现阶段，中间育成阶段主要包括筏式笼养、筏式网箱养殖以及陆上水泥池养殖三种模式。本研究团队采用工厂化养殖规模对三种养殖模式的香螺的生长效果进行了研究对比，结果表明，苗种暂养以吊笼养殖效果最好，成活率80％以上。网箱养殖成活率约 60％，室内水泥池养殖效果最差，成活率仅 30％左右。但三种模式各有优势，虽然陆上水泥池养殖模式成活率最低，但其最大优势在于养殖条件可控，易于操作管理，生长速度更快。筏式笼养和网箱养殖更接近自然生长，抗性更强，且规模和养殖地点选择更为灵活，但二者相比，网箱养殖由于空间大，投喂清理相对容易，所以管理成本比笼养更低。因此，这三种养殖模式各有优势，实际应用中可以根据条件选择采用。

3.9.1 稚螺筏式笼养

（1）选择优质香螺苗种　选择经过暂养、花纹深、壳型完整、活力强、软体部丰满且无脱壳、摄食能力强、规格为 8～10g/粒的香螺苗，将香螺苗放入装有贻贝、菲律宾蛤仔、扇贝苗等饵料的网笼中。

（2）养殖环境与设施准备　筏架设在水深 10～20m，流速 0.3～0.4m/s，透明度 1.0～1.5m，盐度 27～31 的天然海域进行养殖。吊笼选用耐腐蚀、强度高、透水性好的塑料网格或金属网格，通常每吊 18～20 层，每层间距约 0.4m。吊笼大小和形状可根据实际需要订制，控制网笼在水面以下 0.3～0.4m 的位置。

（3）养殖管理

投放稚螺：将稚螺均匀地投放在吊笼中，密度在 100 粒/m² 以下，不要过于密集，以免影响其生长。

喂养饵料：根据稚螺的生长阶段和体型大小，3～4d 投喂一次，如双壳贝类肉屑、鱼糜等。

（4）环境监测与疾病防治　定期监测水温、盐度、溶解氧等水质参数，确保其处于适宜稚螺生长的范围内，定期对吊笼进行清洁，及时清除死亡和病弱的稚螺，防止疾病的发生和蔓延。

（5）收获　进入 10 月中下旬后，水温下降，稚螺生长缓慢，此时可以进行收获，收获时应轻拿轻放，避免对稚螺造成伤害。

3.9.2 稚螺筏式网箱养殖

（1）选择香螺苗种　苗种的选择同筏式笼养苗种的标准，不同之处在于网箱中不提前投入贻贝等天然饵料。

（2）养殖环境与设施准备　养殖场地应选择风浪小，潮流畅通，低潮水深大于 6m 的海域，海水平均流速以不超过 20cm/s 为宜。稚螺孵化常用规格为长 5m×宽 5m×高 5m，4～18 目的聚乙烯或聚丙烯材料网箱，四角用坠石固定。浮力框架材料由木材、泡沫或浮桶组装完成。

（3）养殖管理

投放稚螺：将稚螺均匀地投放在网箱中，同吊笼养殖，密度在 100粒/m² 以下。

喂养饵料：同吊笼养殖，饵料主要是粉碎的野杂鱼或砸碎的低值贝类等动物性饵料，投喂量以上次投喂物基本吃光为准，每天投喂。

（4）日常巡视管理　每日投饵前应将沿网上爬露出水面的稚螺清理下去，防止干露时间过长致死。定时巡察，观察香螺的生长、摄食、排便、活动及死亡状况，发现伤残或病螺及时捞出；及时清除网箱与缆绳等设施上的污损物，修补、更换损坏的网箱与浮球等设施；及时清除网箱内蟹类、杂鱼等敌害生物。养殖期间应避免网箱污堵，可采用机械冲洗等方法进行处理，污堵严重的网箱应及时替换。开始投饵后应及时清理孵化后卵袋、无肉碎贝壳等饵料残渣。

（5）收获　海水温度低于 15℃的 10 月中下旬即可进行收获，用于底播或转至室内继续暂养。

3.9.3　室内水泥池养殖

（1）主要设备　培育池应采用深度为 1.0～1.5m，体积为 10～30m³的水泥池或玻璃钢水槽。水深 0.8～1.2m，并向排水口成 5%～10%坡度。池内布设气管和进、排水管，排水、排污便利。配备供水系统、供气系统、配电系统、升温系统和水处理系统等。

（2）稚螺投放密度　初始阶段（壳高 5mm）为 5 000 粒/m³；当壳高达到 10mm，密度降为 3 000 粒/m³；壳高达到 15mm，密度降为 2 000 粒/m³。

（3）养殖条件　水温 16～20℃，充气养殖，池中放置清洗消毒的波纹板或者瓦片。

（4）饵料投喂　孵化后前期稚螺投喂双壳贝类肉屑；生长至 12mm以上，混合投喂双壳贝类肉屑和鱼糜；生长至 15mm 以上，投喂双壳贝类碎肉和杂鱼成体。日投喂量为稚螺体重 10%以上，依据饵料剩余量做适当调整，并及时清理残余饵料。

（5）日常管理　每天全量换水一次，最好是流水养殖，流速低于0.2m/s，保证水质。根据养殖池残留污物和稚螺分泌黏液情况，3～5d倒池一次。

4 香螺健康增养殖

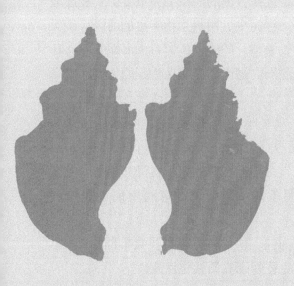

香螺健康养殖的研究探索起步较晚，但发展较快。随着我国香螺养殖产业的蓬勃发展，各种养殖模式和方法不断涌现，取得了显著进展。然而，在这一过程中，也应看到配套的相关技术仍然相对滞后，这无疑给香螺养殖业带来了巨大的挑战。在此背景下，持续不断的研究和探索显得尤为重要，以便进一步完善养殖体系，提升养殖效益，并推动该产业朝着更加可持续和先进的方向发展。

4.1　香螺养殖模式

当稚螺经过中间育成培育到一定规格后（一般壳高在 1.5cm 以上），即可在合适的海区底播增养殖，以下是底播的主要步骤：

（1）香螺底播增殖海域条件

海区选择：在进行底播增殖时，选择合适的海域至关重要。一般选取水深 10～30m、潮流通畅、风浪小、浮泥少、饵料生物丰富的海区，确保底播的香螺能够在良好的环境中生长繁殖。此外，还需考虑海域的生态环境，避免选择受到污染或生态环境脆弱的海区，以确保香螺的生长环境和生态系统的健康发展。

水质条件：适宜海水温度在 8～20℃，这是香螺生长和繁殖的最佳温度范围。盐度需不低于 28，以保证香螺生活的适宜盐度。pH 应在 8.0～8.45，这是海水的正常酸碱度范围，有利于香螺的生长发育。透明度应在 1.0～1.1m，以保证海水中的光照条件，有利于香螺利用视觉觅食和避敌。

底质条件：以粗砂底或砾石底为宜，这种底质有利于香螺的附着和生长。同时，底质硬度适中，可以避免香螺因底质软化而死亡。

（2）香螺底播增殖苗种选择

苗种规格：选择壳高≥15mm 的苗种进行底播。这个规格的苗种具有较强的生命力和繁殖能力，有利于底播增殖效果的提升。

苗种质量：选择外表无损伤、体质健壮、腹足活力强，死亡率、伤残率和畸形率总和不高于5%的苗种。这是确保底播增殖成功的关键因素。

（3）香螺底播增殖时间和方法

底播时间：秋季底播，底层水温在8~20℃，小潮期间的平潮弱流时底播为宜。这样可以确保香螺在水温适宜、饵料丰富的情况下生长繁殖。

底播方法：底播前应划定海区，设立标记，测算面积，确定用苗数量，做好苗种计算。载苗船只在划定的区域内，保持船速2~4kn行驶，顺风投放，确保螺苗均匀分布于海底。

底播密度：一般控制在平均5粒/m²，具体密度可根据螺苗种大小、饵料丰度、底质情况适当掌握。合理的密度有利于香螺的生长和繁殖，同时避免因过度密集导致的资源浪费和环境污染。

（4）香螺底播增殖后管理

日常管理：设立专人管理，配备必要看护船只设备等，防止盗采和渔船拖网。加强巡查，确保香螺生长安全。

敌害生物防控：及时清除危害严重的敌害生物，如海盘车、长蛸等。采取生物防治和物理防治相结合的方式，降低敌害生物对香螺的影响。

定期监测：每隔0.5n mile可设置一个监测点，每15~30d进行跟踪观测，掌握苗种分布、生长、存活情况以及海域环境变化状况等。这有助于评估底播增殖效果，为下一轮底播提供科学依据。

通过以上措施，可以有效地开展香螺底播增殖，促进香螺资源的可持续利用，为我国渔业发展作出贡献。同时，也有利于保护海洋生态环境，实现渔业可持续发展。

4.2 香螺人工配合饲料研究进展

在当前的渔业生产中，香螺的人工繁育和苗种培育技术已经逐渐趋于成熟。然而，在实际的养殖过程中，饵料的选择和使用仍然存在一定的问题。现阶段，生产过程中主要采用小杂鱼和贝类等鲜饵作为香螺幼体的饵料。虽然这种饵料能让稚螺生长得较快，且易于获取，但它的缺点也是显而易见的。

首先，使用鲜饵会导致水质恶化，这在很大程度上限制了它在人工养殖环境中的应用。其次，鲜饵原材料可能含有病原体，这可能会引发稚螺感染疾病，甚至死亡。最后，鲜饵的浪费问题也十分严重，这对于渔业资源的保护来说是非常不利的。

相较于鲜饵，人工配合饲料则是集约化高密度养殖的必要和关键因素。它不仅能直接影响养殖成本和效益，也是香螺养殖业可持续发展的重要保障。然而，要想研制出适合香螺的人工配合饲料，首先需要明确的是香螺的营养需求。

遗憾的是，目前关于香螺营养需求的研究还非常有限。尽管已有学者进行了香螺天然饵料喂养实验（郑珂，2015；朱建业，2020），以及参考方斑东风螺制作的人工配合饲料喂养实验（朱建业，2020），但这些研究仍不足以满足香螺养殖业的实际需求。为此，需要进一步研究香螺的营养需求，为科研工作者完善香螺人工配合饲料配方提供依据。

此外，还应关注与香螺同为蛾螺科的商品海螺——方斑东风螺的营养需求研究（冼健安等，2016；陈萌等，2022）。这不仅有助于更好地了解蛾螺科动物的营养需求，也为香螺人工配合饲料的研制提供宝贵的参考。

总之，香螺人工繁育和苗种培育技术虽然已相对稳定，但饵料选择和使用的问题仍亟待解决。未来，需要在明确香螺营养需求的基础上，加大对人工配合饲料研制的投入，以推动香螺养殖业的可持续发展。同时，相关研究成果也将为我国渔业资源的保护做出贡献。

4.2.1 饲喂不同天然贝类饵料对香螺稚螺生长的影响

香螺作为一种重要的海洋经济生物，其幼体生长与发育受到了科研界广泛关注。目前，香螺稚螺主要摄食的对象为底栖双壳贝类及腐鱼（李华煜等，2023）。然而，直接投喂贝类或腐鱼可能会导致食材腐坏、滋生细菌等一系列问题，从而影响水质，增加稚螺的死亡率。

为了进一步提高香螺稚螺的成活率，增加饵料的利用率，笔者对6种不同贝类饵料进行了实验，以研究其对香螺稚螺的摄食选择及生长性能。这些贝类饵料天然资源量丰富，如蛤蜊、扇贝、蚌类等。通过比较不同贝类饵料对香螺稚螺生长的差异，筛选出最适合香螺稚螺的贝类饵料。

4.2.1.1 材料和方法

（1）实验材料与养殖条件　该实验选用规格（0.48±0.01）g 香螺稚螺为实验动物，实验香螺稚螺孵化于辽宁省海洋水产科学研究院海水养殖研究室，实验投喂饵料购于大连某海鲜市场。实验饲养容器为长 50cm、高 25cm、宽 25cm 的塑料养殖筐。在实验期间，水温在 8～15℃，盐度在 30～32，pH 8.0～8.1；内设增氧气石并 24h 增氧，保持水中溶氧量＞6mg/L，塑料筐用盖子盖住，防止香螺稚螺爬离。

（2）实验过程与样品处理　实验共分为 6 组，在水池中均匀分布设置 6 个塑料筐，每组投放 60 只香螺稚螺，组内设置 3 个平行。选用缢蛏（*Sinonovacula constricta*）、四角蛤蜊（*Mactra veneriformis*）、太平洋牡蛎（*Crassostrea gigas*）、虾夷扇贝（*Mizuhopecten yessoensis*）、菲律宾蛤仔（*Ruditapes philippinarum*）、淡水河蚌（*Hyriopsis cumingii*）6 种饵料，去壳处理，取其软体部位进行分组投喂。实验包括 7d 的暂养和 4 周的实验期，暂养期间过量投喂以保证暂养过程中香螺稚螺状态一致。暂养过程中香螺稚螺健康状况良好，摄食正常，一周换水一次，换水量 100%。

实验期间，每组分别投喂缢蛏、四角蛤蜊、太平洋牡蛎、虾夷扇贝、菲律宾蛤仔、淡水河蚌，记为实验一组、实验二组、实验三组、实验四组、实验五组和实验六组。每日 09：00 投喂一次，24h 后吸出残饵、粪便烘干称重，每日换水一次，换水量 50%。每隔一周记录体重和壳高的数据，实验进行 4 周。实验结束后，使用 7 230G 紫外分光光度计（上海菁华科技仪器有限公司）和 SpectraMax M3 多功能酶标仪（北京悦昌行科技有限公司），测定香螺稚螺消化酶活性［A080-1 胃蛋白酶测定试剂盒、A054-2-1 脂肪酶（LPS）测定试剂盒、C016-1-1α-淀粉酶（AMS）测试盒，南京建成］。香螺稚螺及 6 种饵料的氨基酸、脂肪酸指标，使用高效液相色谱仪和 SCION456G-GC 气相色谱仪［天美仪拓实验室设备（上海）有限公司］进行测定。养殖实验结束后计算 6 组香螺稚螺的成活率、饵料系数及特定生长率。

4.2.1.2 实验结果

4.2.1.2.1　不同贝类饵料条件下香螺稚螺的生长

在为期 4 周的养殖实验研究中，笔者对 6 组不同贝类饵料饲养的香螺稚螺进行了系统性的观察和研究。实验过程中，密切关注了香螺稚螺的体重变化情况，以便了解各种饵料对其生长发育的影响。实验结束后，各组香螺稚螺的体重变化情况如表4-1所示。

表4-1 不同贝类饵料条件下香螺稚螺体重的变化情况（g）

时间（周）	缢蛏组	四角蛤蜊组	太平洋牡蛎组	虾夷扇贝组	菲律宾蛤仔组	河蚌组
1	0.48±0.10	0.49±0.09	0.48±0.10	0.48±0.08	0.48±0.08	0.48±0.09
2	0.54±0.11	0.54±0.13	0.52±0.11	0.51±0.09	0.54±0.09	0.52±0.10
3	0.67±0.17	0.63±0.13	0.62±0.15	0.62±0.12	0.63±0.11	0.6±0.13
4	0.85±0.20[a]	0.82±0.19[ab]	0.75±0.22[b]	0.76±0.18[b]	0.84±0.18[a]	0.76±0.18[b]

注：同行中标有不同字母者表示组间有显著性差异（$P<0.05$），标有相同字母者表示组间无显著性差异（$P>0.05$）。

通过对表4-1的分析可以明显看出，6组香螺稚螺的体重均呈现出增长的趋势。进一步的统计分析发现，投喂缢蛏和菲律宾蛤仔的香螺稚螺体重增长显著高于其他各组，达到了显著性差异（$P<0.05$）。这意味着，这两种贝类饵料对于香螺稚螺的生长发育具有明显的促进作用。相比之下，投喂牡蛎的香螺稚螺体重增长最为缓慢，可能是因为牡蛎的营养成分不适合香螺稚螺的生长发育。

为了更直观地展示不同贝类饵料对香螺稚螺体重增长的影响，笔者对6种贝类饵料条件下的香螺稚螺体重增长进行了排序。从高到低依次为：缢蛏组、菲律宾蛤仔组、四角蛤蜊组、虾夷扇贝组、河蚌组、牡蛎组。这一排序表明，不同的贝类饵料对香螺稚螺的生长发育影响不同，选择适合的饵料对于香螺稚螺的养殖具有重要意义。

不同贝类饵料对香螺稚螺生长产生显著影响，这一影响可能与贝类饵料的营养成分和消化利用率紧密相关。根据文献综述，贝类饵料的蛋白质、脂肪、碳水化合物、灰分和水分含量存在差异，而其中蛋白质和脂肪则被认为是影响香螺稚螺生长的主要因素。一般而言，蛋白质含量越高、脂肪含量越低，饵料的消化利用率越高，香螺稚螺的生长速度越快。在本实验中，缢蛏和菲律宾蛤仔的蛋白质含量分别为69.3%和67.8%，脂肪含量均低于其他贝类饵料分别为6.2%和5.9%，因此，投喂这两种饵料的香螺稚螺表现出最快的生长速度。相反，牡蛎的蛋白质含量为54.6%，脂肪含量为13.4%，蛋白质含量均低于其他贝类饵料，导致投喂这种饵料的香螺稚螺生长速度最慢。

此外，贝类饵料的硬度、粒度、水解程度等特性也可能影响香螺稚螺的摄食量和消化吸收，从而进一步影响其生长。实验数据显示，随着实验的进行，各组香螺稚螺的壳高呈现增长趋势。在前3周，各组香螺稚螺的壳高未出现显著差异，但在实验进行到第4周时，缢蛏组、四角蛤蜊组、菲律宾蛤仔组的壳高显著高于牡蛎组、扇贝组及河蚌组。实验结束后，香螺稚螺壳高的增长由高到低排列为缢蛏组＞菲律宾蛤仔组＞四角蛤蜊组＞虾夷扇贝组＞太平洋牡蛎组＞河蚌组（表4-2）。

表4-2 不同贝类饵料条件下香螺稚螺的壳高（mm）

时间（周）	缢蛏组	四角蛤蜊组	太平洋牡蛎组	虾夷扇贝组	菲律宾蛤仔组	河蚌组
1	14.73±1.31	14.82±1.95	14.71±1.16	14.65±0.86	14.73±0.85	14.84±1.02
2	15.84±1.28	15.86±1.34	15.48±1.34	15.35±0.94	15.55±0.92	15.43±1.08
3	17.11±1.64	16.88±1.35	16.70±1.65	16.57±1.19	16.80±1.174	16.72±1.37
4	19.02±1.88[a]	18.64±1.76[abc]	18.11±1.77[bc]	18.12±1.74[bc]	18.81±1.35[ab]	18.01±1.69[c]

注：同行中标有不同字母者表示组间有显著性差异（$P<0.05$），标有相同字母者表示组间无显著性差异（$P>0.05$）。

结合实验结果，本研究发现不同饵料贝类种类对香螺稚螺壳高的影响存在显著差异。具体而言，缢蛏、四角蛤蜊和菲律宾蛤仔作为饵料能够促进香螺稚螺壳高的快速增长，而牡蛎、扇贝和河蚌作为饵料时，对香螺稚螺壳高的增长效果较差。这一差异可能源自不同贝类的营养成分、消化率和食物选择性等因素。

不同贝类饵料对香螺稚螺生长性能的影响结果如表4-3所示，考察指标为饵料系数、成活率和特定生长率。

表4-3 不同贝类饵料条件下香螺稚螺的生长性能

生长性能	缢蛏组	四角蛤蜊组	太平洋牡蛎组	虾夷扇贝组	菲律宾蛤仔组	河蚌组
饵料系数	2.24[a]	2.81[e]	2.75[d]	2.57[c]	2.24[a]	2.40[b]
成活率（%）	100	100	98	100	100	100
特定生长率（%/d）	1.86	1.68	1.53	1.64	18.3	1.59

注：同行中标有不同字母者表示组间有显著性差异（$P<0.05$），标有相同字母者表示组间无显著性差异（$P>0.05$）。

饵料系数是反映饵料利用效率的指标，值越低，说明饵料利用效率越高。该实验中，缢蛏组和菲律宾蛤仔组的饵料系数最低，均为 2.24，说明这两种饵料对香螺稚螺的生长有着积极的促进作用；而四角蛤蜊组的饵料系数最高，为 2.81，说明香螺稚螺对这种饵料利用效率较低。

成活率越高，说明饵料对香螺稚螺存活的保护作用越强。该实验中，除牡蛎组外，其他各实验组香螺稚螺的成活率均为 100%，这一结果表明多种贝类饵料都能有效支持香螺稚螺的存活；而牡蛎组的成活率为 98%，略低于其他组，说明牡蛎饵料对香螺稚螺存活的保护作用相对较弱。

特定生长率是反映饵料对香螺稚螺生长速度影响的指标，值越高，说明饵料促进香螺稚螺生长得越快。该实验中，缢蛏组的香螺稚螺的特定生长率最高，为 1.86%/d，证明在该条件下香螺稚螺展现出最高的生长速度。相反，在太平洋牡蛎组中记录到最低的特定生长率（1.53%/d），表明该饵料不是促进香螺稚螺生长的最适选择。

4.2.1.2.2　不同贝类饵料条件下香螺稚螺的消化酶活性

从表 4-4 的数据中，可以看出不同贝类饵料条件下稚螺的消化酶活性差异。河蚌组的脂肪酶活性居首，太平洋牡蛎组的脂肪酶活性最低。6 组香螺稚螺的脂肪酶活性从高到低依次为：河蚌组、缢蛏组、菲律宾蛤仔组、虾夷扇贝组、四角蛤蜊组、太平洋牡蛎组。在淀粉酶活性方面，菲律宾蛤仔组显著高于其他组（$P<0.05$），而太平洋牡蛎组的淀粉酶活性显著低于其他组（$P<0.05$）。6 组香螺稚螺的淀粉酶活性从高到低依次为：菲律宾蛤仔组、四角蛤蜊组、河蚌组、缢蛏组、虾夷扇贝组、太平洋牡蛎组。胃蛋白酶活性方面，菲律宾蛤仔组显著高于其他组（$P<0.05$），6 组香螺稚螺的胃蛋白酶活性从高到低依次为：菲律宾蛤仔组、虾夷扇贝组、河蚌组、四角蛤蜊组、缢蛏组、太平洋牡蛎组。

表 4-4　不同贝类饵料条件下香螺稚螺的消化酶活性

消化酶活性（U/g）	缢蛏组	四角蛤蜊组	太平洋牡蛎组	虾夷扇贝组	菲律宾蛤仔组	河蚌组
脂肪酶活性	8.1±0.71[ab]	3.66±0.68[ab]	1.29±0.37[b]	6.52±1.62[ab]	7.16±4.81[ab]	9.69±6.13[a]
淀粉酶活性	0.05±0.01[bc]	0.06±0[b]	0.04±0.01[d]	0.05±0.01[c]	0.10±0.01[a]	0.06±0[b]

（续）

消化酶活性（U/g）	缢蛏组	四角蛤蜊组	太平洋牡蛎组	虾夷扇贝组	菲律宾蛤仔组	河蚌组
胃蛋白酶活性	1.98±0.34[bc]	2.23±0.37[bc]	1.42±0.15[c]	3.13±1.24[b]	5.77±0.89[a]	2.71±0.35[bc]

注：同行中标有不同字母者表示组间有显著性差异（$P<0.05$），标有相同字母者表示组间无显著性差异（$P>0.05$）。

消化酶活性与饵料的营养价值密切相关。贝类饵料中的蛋白质、脂肪、碳水化合物等成分会影响消化酶的生成和活动。蛋白质是胃蛋白酶的底物，脂肪是脂肪酶的底物，碳水化合物是淀粉酶的底物。因此，饵料中这些成分的含量越高，消化酶的活性越高。此外，饵料中的微量元素、维生素、激素等物质也能调节消化酶的合成和分泌。例如，锌、铜、铁等微量元素是消化酶的辅因子，维生素 B_1、维生素 B_2、维生素 B_6 等是消化酶的辅酶，胰岛素、胰高血糖素等是消化酶的激素。因此，饵料中这些物质的含量适宜时，消化酶的活性越高。

根据这些分析，可以推测河蚌组的脂肪酶活性最高，可能是因为河蚌中的脂肪含量较高，同时含有一定量的微量元素和维生素，有效刺激了脂肪酶的活性。菲律宾蛤仔组的淀粉酶和胃蛋白酶活性最高，可能是因为菲律宾蛤仔中的碳水化合物和蛋白质含量较高，同时也含有一定量的激素和辅酶，有效刺激了淀粉酶和胃蛋白酶的活性。而太平洋牡蛎组的消化酶活性最低，可能是因为太平洋牡蛎中的营养成分含量较低，同时含有一定量的抑制因子，抑制了消化酶的活性。

4.2.1.2.3　不同贝类饵料氨基酸、脂肪酸组成及相对含量

在对 6 种不同的贝类饵料进行深入分析后，笔者发现了一些有趣的结果。首先，所有 6 组贝类饵料中都检测到了 17 种氨基酸，其中包括 10 种必需氨基酸和 7 种非必需氨基酸。这些氨基酸在生物体内起着至关重要的作用，无论是构成蛋白质，还是作为生物催化剂，都在生物体的生命活动中发挥着关键作用。

进一步分析发现，虾夷扇贝的必需氨基酸、非必需氨基酸以及呈味氨基酸的相对含量均高于其他各组饵料。这意味着虾夷扇贝中的氨基酸组成更为丰富，能更好地维持生物体的正常生理功能。与此同时，太平洋牡蛎

的必需氨基酸、非必需氨基酸以及呈味氨基酸的相对含量均低于其他各组饵料。这可能说明太平洋牡蛎在氨基酸组成方面相对较为单一。

此外，笔者还对 6 种贝类饵料中的脂肪酸进行了分析。结果显示，所有饵料中都检测到了 14 种脂肪酸，包括 5 种饱和脂肪酸、5 种单不饱和脂肪酸和 4 种多不饱和脂肪酸。这些脂肪酸在人体内有着重要的生理功能，如提供能量、维持细胞膜的稳定性等。分析结果显示，太平洋牡蛎的不饱和脂肪酸、多不饱和脂肪酸及 EPA + DHA 相对含量显著高于其他 5 种饵料相对含量（$P < 0.05$）。这意味着太平洋牡蛎在脂肪酸组成方面具有较高的营养价值，尤其是富含对人体有益的多不饱和脂肪酸。相反，河蚌的不饱和脂肪酸、多不饱和脂肪酸及 EPA + DHA 相对含量显著低于其他 5 组饵料的相对含量（$P < 0.05$）。这可能表明河蚌在脂肪酸组成方面相对较为单一。

4.2.1.2.4　投喂 6 种贝类饵料的香螺稚螺氨基酸、脂肪酸的组成及相对含量

在实验中，笔者观察了香螺稚螺在食用 6 种饵料后的氨基酸和脂肪酸的组成及相对含量。结果显示，香螺稚螺在食用不同贝类饵料后，其氨基酸和脂肪酸的组成及相对含量存在一定的差异。

首先，笔者检测了香螺稚螺中的氨基酸组成。在 6 组香螺稚螺中，共检测出 17 种氨基酸，包括 10 种必需氨基酸、7 种非必需氨基酸。必需氨基酸是生物体生长发育不可或缺的，非必需氨基酸则在生物体的代谢过程中起到重要作用。

在 6 组香螺稚螺中，四角蛤蜊组的必需氨基酸相对含量均高于其他各组，显示出四角蛤蜊饵料在提供必需氨基酸方面具有较高的营养价值。饵料必需氨基酸的相对含量从高到低依次为四角蛤蜊组＞虾夷扇贝组＞缢蛏组＞太平洋牡蛎组＞河蚌组＞菲律宾蛤仔组。

此外，笔者还关注了呈味氨基酸的相对含量。呈味氨基酸是影响食品口感和风味的重要因素。实验结果显示，四角蛤蜊组的呈味氨基酸相对含量最高，按照含量由高到低，其他组依次为缢蛏组＞虾夷扇贝组＞太平洋牡蛎组＞河蚌组＞菲律宾蛤仔组。这表明四角蛤蜊饵料在提升香螺稚螺口感和风味方面具有优势。

在脂肪酸方面，检测了 6 组香螺稚螺中的脂肪酸组成。结果显示，6组香螺稚螺在食用不同贝类饵料后，共检测出 16 种脂肪酸。其中，太平洋牡蛎组的 EPA + DHA 相对含量显著高于其他各组（$P<0.05$）。EPA 和DHA 是具有生物活性的多不饱和脂肪酸，对生物体具有重要的生理功能。此外，太平洋牡蛎组的不饱和脂肪酸和多不饱和脂肪酸的相对含量也显著高于其他各组（$P<0.05$）。

综上所述，在投喂 6 种不同贝类饵料的情况下，香螺稚螺的氨基酸和脂肪酸的组成及相对含量存在一定的差异。四角蛤蜊饵料在提供必需氨基酸和呈味氨基酸方面表现优异，而太平洋牡蛎饵料在 EPA + DHA、UFA和 PUFA 含量方面具有优势，这些研究结果为香螺稚螺的养殖饵料选择提供了参考依据。在今后的研究中，可以进一步探讨不同贝类饵料对香螺稚螺生长性能、生理功能等方面的影响，为优化养殖技术提供科学依据。

4.2.1.2.5　饵料氨基酸和香螺肌肉中氨基酸相关性分析

氨基酸在饵料中的含量和种类对养殖动物的生长和发育有着至关重要的影响。饲料中氨基酸组成的平衡性越好，蛋白质的利用效率就越高，饵料系数也就越低。因此，饲料氨基酸的添加比例对于养殖动物的生长、健康和产品品质具有显著的影响。

为了更深入地了解饵料对香螺生长的影响，笔者利用 Excel 中的CORREL 函数对饵料中氨基酸含量与香螺肌肉中氨基酸含量进行了相关性分析。CORREL 函数的返回值是一个介于 -1 和 1 之间的数，其中 1 表示完全正相关，-1 表示完全负相关，0 表示无相关。当相关系数在 0.7以上时，说明关系非常紧密；0.4～0.7 表示关系紧密；0.2～0.4 表示关系一般；0.2 以下则表示关系较弱。

分析结果显示，关系非常紧密（0.7 以上）的氨基酸包括丙氨酸（0.838）和苯丙氨酸（0.787），以及呈味氨基酸（0.997）；关系紧密（0.4～0.7）的氨基酸有蛋氨酸（0.40）、必需氨基酸（0.551）和非必需氨基酸（0.470）。其余的氨基酸则相关性较弱或无相关性。

这些分析结果表明，丙氨酸和苯丙氨酸对香螺的生长和发育具有显著的影响。这种紧密的相关性可能源于这两种氨基酸在香螺体内的代谢途径和功能相似，共同参与了香螺的生长和发育过程。作为必需氨基酸的苯丙氨酸，香螺需要从饵料中获取，因此在实际养殖过程中，应确保香螺饵料中这两种氨基酸的含量充足，避免对香螺的生长和发育产生不利影响。

此外，呈味氨基酸在饵料和香螺肌肉中的含量相关性达到了 0.997，说明饵料中的呈味氨基酸直接影响到香螺的品质和口感。这一发现对于开发功能型饲料具有重要的指导意义。通过对饵料中呈味氨基酸的合理添加，可以进一步提升香螺的口感和品质，满足市场需求。

4.2.1.2.6　饵料脂肪酸和香螺肌肉中脂肪酸相关性分析

脂肪酸是生物体内的重要组成成分，对于生物体的生长、发育和繁殖等生理活动具有重要意义。首先，脂肪可以给水产动物提供大量的能量，当脂肪摄入量不足时，动物就会分解蛋白质来为机体提供生命活动所必要的能量。因此，在一定程度上来说，脂肪可以节约蛋白质的用量，从而降低饲料蛋白系数，节约养殖成本。其次，脂肪还能够为养殖动物提供必需脂肪酸，其中不饱和脂肪酸尤为重要。脂肪酸除了能为水产动物提供能量和必需脂肪酸外，还具有其他重要的生理功能。例如，脂肪酸参与构成生物膜，维持细胞结构和功能，调控基因表达和信号传导等。此外，脂肪酸还具有抗氧化、抗炎等作用，有助于提高养殖动物的免疫力和抗病能力。

在养殖过程中，饵料中的脂肪酸组成和含量对养殖动物的生长、发育和繁殖等方面具有重要影响。因此，在设计养殖动物的饵料配方时，脂肪酸的种类和比例是重要的因素，以满足养殖动物对脂肪酸的需求。同时，也可以根据养殖动物的生长阶段和生理需求，适当调整饵料中的脂肪酸组成，以提高养殖动物的生产性能和健康水平。

分析饵料脂肪酸和香螺肌肉中脂肪酸的相关性，不仅可以通过调整饵料中显著相关的某种或某几种脂肪酸组成和含量，改善香螺肌肉的营养价值和口感，也有助于更好了解脂肪酸在香螺水产养殖中的作用机制和应用。

饵料脂肪酸与香螺肌肉中脂肪酸相关性分析同样采用 Excel 中 CORREL 函数。重点考察不饱和脂肪酸，结果表明，关系非常紧密的有单不饱和脂肪酸中的 C15：1n10c（0.90）、C18：1n9（0.73）、C20：1（0.70），多不饱和脂肪酸中的 C16：4n3（0.91）、C20：4n6（0.91）、C22：6n3（DHA）（0.91）；关系紧密的是单不饱和脂肪酸 C16：1n7

（0.46）和多不饱和脂肪酸 C20：5n3（EPA）（0.48）；其他的不饱和脂肪酸相关性较低。

4.2.2 香螺人工配合饲料开发研究

笔者团队选用规格为 0.80g 左右香螺稚螺于玻璃水缸（50cm×50cm×50cm）中养殖，内设增氧机并 24h 增氧，温度（11.3±2）℃，pH 8±1，盐度 31±1。实验用 3 种饵料：缢蛏、基础饲料、配合饲料（基础饲料添加诱食剂），其中缢蛏购买自海鲜市场。实验共进行 6 周，实验结束后，测定各组香螺生长情况，并测定不同饵料（饲料）对香螺消化酶活性影响。投喂不同饵料对香螺稚螺体重影响如图 4-1 所示，3 组香螺稚螺的体重都呈增长趋势。实验养殖 1 周后出现了显著性差异，缢蛏组与配合饲料组无显著性差异，但两组与基础饲料组均具有显著性差异（$P<$0.05）；实验养殖第 2~6 周，缢蛏组显著高于基础饲料组和配合饲料组（$P<$0.05）。3 种饵料条件下，香螺稚螺体重的增长从大到小依次为缢蛏组、配合饲料组、基础饲料组。

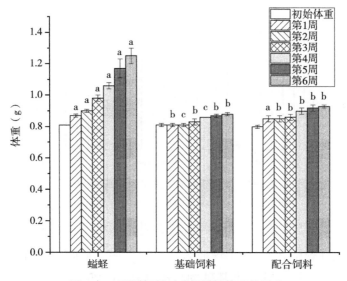

图 4-1 不同饵料对香螺稚螺体重的影响

不同小写字母表示两处理组之间差异显著（$P<$0.05）。

图 4-2 详细展示了科研人员对 3 组香螺稚螺壳高增长趋势的研究成果。在养殖初期，即前 2 周，这 3 组香螺稚螺的壳高并未显示出显著的差

异。然而，随着实验的深入，到了第 3 周，壳高增长的趋势开始出现显著性差异。

具体来看，缢蛏组的表现尤为突出，其壳高显著高于基础饲料组和配合饲料组（$P<0.05$）。这表明，缢蛏组在壳高增长方面具有明显的优势。到了实验进行的第 6 周，香螺稚螺的壳高增长情况逐渐明朗。从高到低的顺序来看，分别是缢蛏组、配合饲料组、基础饲料组。而且，这 3 组之间存在显著性差异（$P<0.05$）。这表明，不同饲料类型对香螺稚螺壳高增长的影响较大，饲料类型的选择在一定程度上决定了香螺稚螺的生长状况。

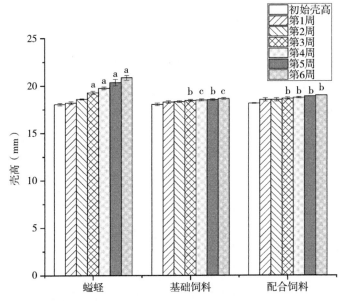

图 4-2　不同饵料对香螺稚螺壳高的影响
不同小写字母表示两处理组之间差异显著（$P<0.05$）。

由图 4-3 可以得知，实验养殖前 2 周香螺稚螺壳宽未出现显著性差异，实验进行到第 3~6 周出现显著性差异。第 3 周时，缢蛏组和配合饲料组生长更快，均显著高于基础饲料组（$P<0.05$）。第 4 周时，缢蛏组生长进一步加快，显著高于配合饲料组（$P<0.05$），而配合饲料组也显著高于基础饲料组（$P<0.05$）。实验结束后，香螺稚螺壳宽增长由高到低依次为缢蛏组、配合饲料组、基础饲料组，且缢蛏组显著高于基础饲料

组和配合饲料组（$P<0.05$），但是基础饲料组和配合饲料组之间差异不显著。

总体来看，缢蛏组在体重、壳高、壳宽方面都优于配合饲料组和基础饲料组。而添加诱食剂的配合饲料组增重效果也高于基础饲料组，这种效果在实验进行到第 4 周时得到明显体现。

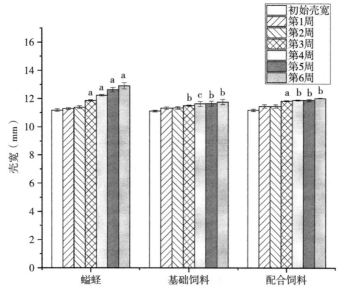

图 4-3　不同饵料对香螺稚螺壳宽的影响
不同小写字母表示两处理组之间差异显著（$P<0.05$）。

图 4-4 展示了投喂不同饵料对香螺稚螺消化酶活性的影响，揭示了饵料选择对香螺稚螺消化生理的重要影响。首先，从脂肪酶活性的角度来看，配合饲料展现出了明显的优势。配合饲料组香螺稚螺的脂肪酶活性最高，这可能是因为配合饲料中含有适量的脂肪成分，能够刺激香螺稚螺脂肪酶的分泌和活性。相比之下，缢蛏组和基础饲料组的脂肪酶活性较低，这可能与饵料的成分和比例有关。这一发现对于养殖香螺稚螺具有重要的指导意义，提示在选择饵料时应注重脂肪含量的合理设置，以促进香螺稚螺的脂肪消化和吸收。

在淀粉酶活性方面，这 3 组之间的差异并不显著。这意味着饵料种类对香螺稚螺的淀粉酶活性影响不大。这一结果可能与香螺稚螺的消化特性有关，它们可能对淀粉的消化能力相对较弱，因此不同饵料之间的淀粉酶

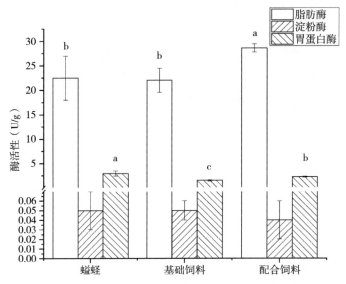

图 4-4　不同饵料条件下香螺稚螺的消化酶活性

不同小写字母表示两处理组之间差异显著（$P<0.05$）。

活性差异不明显。

值得注意的是，在胃蛋白酶活性方面，笔者观察到了显著的差异。缢蛏组香螺稚螺的胃蛋白酶活性最高，配合饵料组次之，基础饵料组最低。这一结果表明，饵料种类对香螺稚螺的胃蛋白酶活性有显著影响。这可能是因为不同饵料中蛋白质的种类和含量不同，导致香螺稚螺胃蛋白酶的适应性和活性产生差异。因此，在选择饵料时，还需要考虑蛋白质的质量和数量，以满足香螺稚螺对蛋白质的需求，并促进胃蛋白酶的活性。此外，结果也提示蛋白酶对于香螺消化和生长的重要意义，为配制人工饲料提供了借鉴。

综上所述，投喂不同饵料对香螺稚螺消化酶活性的影响是显著的。在选择饵料时，应根据香螺稚螺的消化特点和营养需求，合理选择脂肪、淀粉和蛋白质的含量和比例，以促进香螺稚螺的消化生理健康。此外，未来研究还可以进一步探讨不同饵料对香螺稚螺其他消化酶活性的影响，以及饵料成分与消化酶活性之间的具体作用机制，为香螺稚螺的养殖提供更加科学的理论依据和实践指导。

在另一项研究中，笔者对香螺肠道菌群在基础饵料组、配合饵料组和天然饵料组条件下的特征进行了深入调查。结果显示，在基础饲料组中，变形菌门是主导菌群，占比高达80%以上；而拟杆菌门和放线菌门为次要成分，各占10%左右；其他菌门比例相对较低。这表明基础饲料对变形菌门的生长有利，可能是因为该饲料富含碳水化合物和纤维素，而变形菌门中的多数菌种具有降解这些物质的能力。相比之下，配合饲料组呈现了不同的菌群构成。拟杆菌门成为主导，占比超过60%；其次是变形菌门和放线菌门，各占20%左右；其他菌门的比例较低。这表明配合饲料对拟杆菌门的生长更为有利，可能是由于该饲料富含蛋白质和脂肪，而拟杆菌门中的多数菌种具有降解这些物质的能力。而在天然饵料组，肠道菌群呈现更为多样的特征。拟杆菌门仍占主导地位，但占比降至50%左右；其次是变形菌门和放线菌门，各占15%左右；值得注意的是，其他菌门的比例较高，包括厚壁菌门、蓝藻门、绿弯菌门等。这说明天然饵料对多个菌门的生长都有利，可能是由于该饵料含有丰富多样的、复杂的营养物质，而不同菌门中的菌种具有不同的代谢途径和功能。总体而言，三个组的主要差别可以总结如下：

厚壁菌门：这是一类革兰氏阳性菌，主要包括芽孢杆菌、乳杆菌等。在配合饲料组中，厚壁菌门菌种的数量显著高于其他两个组，可能是因为配合饲料中含有更多的碳水化合物和蛋白质，为厚壁菌门菌种提供了更多的营养来源。厚壁菌门菌种与肠道健康和代谢相关，也可能与香螺的生长和免疫有关。

拟杆菌门：这是一类革兰氏阴性菌，主要包括拟杆菌、球菌等。在基础和天然饵料组中，拟杆菌门菌种的数量高于配合饲料组，可能是因为基础和天然饵料中含有更多的纤维素和多糖，为拟杆菌门菌种提供了更多的营养物。拟杆菌门菌种与肠道微生态平衡和消化吸收相关，也可能与香螺的适应性和抗压能力有关。

变形菌门：这是一类革兰氏阴性菌，主要包括肠杆菌、假单胞菌等。在天然饵料组中，变形菌门菌种的数量高于其他两个组，可能是因为天然饵料中含有更多的有机物和无机盐，为变形菌门菌种提供了更多的生长条件。变形菌门菌种与肠道炎症和免疫调节相关，也可能与香螺的抗病能力和应激反应有关。

　　蓝藻门：这是一类能够进行光合作用的细菌，也称为蓝藻。在天然饵料组中，蓝藻门菌种的数量较高，可能是因为天然饵料中含有更多的光合作用生物或其残渣，为蓝藻门菌种提供了特定有机物。蓝藻门菌种对香螺的影响和功能可能包括：提供氧气和有机物，参与固氮作用，调节水质，增加香螺的抗氧化能力等。

　　绿弯菌门：这是一类能够进行光合作用或厌氧呼吸的细菌。在天然饵料组中，绿弯菌门菌种的数量较高，可能是因为天然饵料中含有更多的光合作用生物或其残渣，以及更多的有机物和硫化物，为绿弯菌门菌种提供了多种代谢途径。绿弯菌门菌种对香螺的影响和功能可能包括：提供氧气和有机物，参与硫循环和甲烷氧化，调节水质，增加香螺的适应性等。

　　放线菌门：这是一类革兰氏阳性菌，主要包括放线菌、酸杆菌等。在天然饵料组中，放线菌门菌种的数量较高，可能是因为天然饵料中含有更多的多糖和多肽，为放线菌门菌种提供了更多的营养物。放线菌门菌种对香螺的影响和功能可能包括：产生抗生素和酶，防止其他菌门的过度增长，增强香螺的抗病能力，参与有机物的降解等。

　　疣微菌门：这是一类革兰氏阴性菌，主要包括凹壁菌等。在天然饵料组中，疣微菌门菌种的数量较高，可能是因为天然饵料中含有更多的纤维素和木质素，为疣微菌门菌种提供了更多的降解对象。疣微菌门菌种对香螺的影响和功能可能包括：提供糖类和有机酸，参与碳循环和氮循环，调节肠道微生态，增加香螺的消化能力等。

　　进一步的，笔者在属水平上分析了饲喂基础饲料、人工配合饲料和天然饵料对香螺肠道菌群属水平的影响。结果表明，三组之间差异较大，尤其是天然饵料组和其他两组之间的差别明显。具体来看，天然饵料组中丰度明显增加的代表性菌如下：

　　类杆菌属：是一种产生丰富的丁酸和丙酸的梭菌，这两种短链脂肪酸对动物机体健康至关重要，能够为肠道细胞提供能量、维持肠道屏障功能并促进有益菌群的增殖，此外还能通过调节免疫细胞活性增强机体免疫；推测其对于香螺肠道发育和健康具有重要作用。

　　毛螺菌科未分类菌属：属厚壁菌门，毛螺菌科，该菌存在于大多数健康人的肠道里，可能是一种潜在的有益菌，参与多种碳水化合物的代谢，尤其代谢水果蔬菜中的果胶（一种复杂的膳食纤维和益生元）的能力很强，发酵产生的乙酸和丁酸为宿主提供了能量的来源。

乳杆菌属：是一种新型抗生素替代剂，具有调节肠道功能紊乱、维持肠道菌群平衡、改善肠道形态结构、增强机体免疫能力、促进营养物质吸收代谢以及提高生产性能等多种生物学功能。乳酸菌可以发酵蔗糖、葡萄糖及其他形式的多种碳水化合物，产生乳酸、乙酸等有机酸，这些有机酸可以抑制病原菌生长；在基础饲料组中，乳杆菌属菌种的数量较高，可能是因为基础饲料中含有较多的碳水化合物和蛋白质，为其繁殖提供了营养来源。乳杆菌属菌种对香螺的影响和功能可能包括：提高香螺的生长性能，增强香螺的免疫力，预防肠道疾病等。

链霉菌属：是最高等的放线菌，因其产生的抗生素广泛应用于医疗与制药领域而闻名，是放线菌门中非常庞大且极富物种多样性的分支，其在肠道内可以抑制和杀灭有害需氧菌。链霉菌属菌种对香螺的影响和功能可能包括：提供抗生素和酶，防止其他菌门的过度增长，增强香螺的抗病能力，参与有机物的降解等。

芽孢杆菌属：具有调控动物肠道健康等多种生物学功能，主要体现在调节肠道功能紊乱、维持肠道菌群平衡、改善肠道形态结构、增强机体免疫能力、促进营养物质吸收代谢以及提高生产性能等方面。芽孢杆菌能够产生抗菌物质，如抗生素和抗菌肽，对一些病原微生物具有一定的抑制作用；对香螺的影响和功能可能包括：提供能量和短链脂肪酸，维持肠道酸碱平衡，抑制有害菌的生长，促进消化道的蠕动等。

乳球菌属：能够发酵乳糖并产生乳酸，还可以产生一些有益的代谢产物，如B族维生素和抗菌物质等。肠道内，乳球菌属可以抑制一些有害细菌的生长，维护肠道健康，并维护免疫系统的正常功能；在基础饲料组中，乳球菌属菌种的数量较高，可能是因为基础饲料中含有较多的碳水化合物和蛋白质，提供了营养来源；乳球菌属对香螺的影响和功能可能包括：提高香螺的生长性能，增强免疫力，预防肠道疾病等。

在其他研究中，朱建业（2020）参照东风螺人工饲料设计了人工配合饲料，并对比研究了河蚌、扇贝裙边和紫贻贝三种天然饵料对香螺生长的影响。实验香螺取自大连市獐子岛海域，个体大小在10g左右。实验总天数为90d，水温控制在18～20.5℃。每隔15d对各组香螺的生长指标进行测定。研究结果如下：

（1）在不同饲料饲养下，香螺的重量显示出明显的增长。实验前45d，紫贻贝组香螺增重最快。经过90d养殖后，河蚌组香螺增重最多，增重率为47.46%，显著高于其他3组（$P<0.05$）；其次是紫贻贝组，增重率达到（43.60±5.24)%；扇贝裙边组增重率为（40.57±5.12)%；而人工饲料组增重率为（29.39±3.31)%，显著低于其他组（$P<0.05$）。在整个养殖周期内，人工饲料组增重率自始至终都低于其他组。

同样的，实验前45d，紫贻贝组香螺壳宽的增长最快，但经过90d实验后，河蚌组增长率在4组中最高，达到20.60%，显著高于其他3组（$P<0.05$）；而人工饲料组在开始时就增长缓慢，90d的实验时间内，人工饲料组香螺增长率仅13.80%，显著低于其他3组（$P<0.05$）。各组香螺壳宽的增长规律与体重增长规律一致。

（2）不同饲料喂养下香螺的存活率都很高，均在90%以上。其中，紫贻贝组和人工饲料组存活率最高，均为98.75%，显著高于扇贝裙边组的93.75%（$P<0.05$）。

（3）蛋白质含量越高，香螺生长速度越快；此外，河蚌饲料中高脂肪含量促进了香螺的生长，其中6.08%的脂肪含量被认为是较为适宜的摄取水平。人工饲料相对其他3组表现略差，扇贝裙边喂养下死亡率较高可能与水质污染有关。

（4）在不同饲料饲养条件下，香螺的超氧化物歧化酶表现出了组间的差异。在香螺的肠道组织中，以紫贻贝组超氧化物歧化酶活性最高，达到78.94U/mg，河蚌组、扇贝裙边组和紫贻贝组的表现显著优于人工饲料组（$P<0.05$）。在香螺的胃组织中，河蚌组超氧化物歧化酶活性居首，活性值为77.82U/mg，显著高于扇贝裙边组、紫贻贝组和人工饲料组（$P<0.05$）。而在香螺的肝脏组织中，紫贻贝组超氧化物歧化酶活性最高，为65.90U/mg，河蚌组、扇贝裙边组和紫贻贝组同样显著高于人工饲料组（$P<0.05$）。

（5）不同种类饲料对香螺体内丙二醛活性产生不同影响。在肠道组织中，人工饲料组、扇贝裙边组和紫贻贝组的丙二醛含量显著升高，且均高于河蚌组（$P<0.05$）。在胃组织中，紫贻贝组的丙二醛含量显著高于扇贝裙边组、河蚌组和人工饲料组（$P<0.05$）。此外，在肝脏组织中，河蚌组、人工饲料组和紫贻贝组的丙二醛含量均显著高于扇贝裙边组（$P<0.05$）。

（6）不同饲料种类对香螺过氧化氢酶活性产生显著影响。在肠道组织中，紫贻贝组展现出最高的过氧化氢酶活性，具体数值为 0.44U/mg，显著高于人工饲料组（$P<0.05$）。在胃组织中，河蚌组的过氧化氢酶活性最高，达到了 0.41U/mg，与其他组无显著差异。在肝脏组织中，人工饲料组表现出最低的过氧化氢酶活性，仅为 0.38U/mg，明显低于河蚌组、扇贝裙边组和紫贻贝组（$P<0.05$）。

（7）不同饲料对香螺淀粉酶活性的影响具有显著差异。在肠道组织中，紫贻贝组的淀粉酶活性最高，达到了 0.98U/mg，明显高于河蚌组、扇贝裙边组和人工饲料组（$P<0.05$）。在胃组织中，紫贻贝组同样表现出最高的淀粉酶活性，为 0.80U/mg。人工饲料组和河蚌组的活性虽然稍低，但与紫贻贝组的差异并不显著（$P>0.05$）。而扇贝裙边组的淀粉酶活力仅为 0.51U/mg，明显低于其他 3 组（$P<0.05$）。在肝脏组织中，人工饲料组展现出最高的淀粉酶活性，达到了 0.56U/mg；河蚌组、扇贝裙边组和紫贻贝组的活性则显著低于人工饲料组（$P<0.05$）。

（8）不同饲料对香螺蛋白酶的影响具有显著性差异。在肠道、胃和肝脏 3 种组织中，人工饲料组表现出最低的蛋白酶活性，且达到统计学显著水平（$P<0.05$）。特别地，在香螺的肠道组织中，河蚌组的蛋白酶活性最高，具体数值为 44.30U/mg。在胃组织中，河蚌组同样保持最高的活性，达到 45.72U/mg。而在肝脏组织中，河蚌组和紫贻贝组的蛋白酶活性显著高于其他两组（$P<0.05$），分别为 42.42U/mg 和 41.94U/mg。

（9）不同饲料对香螺脂肪酶活性的影响具有显著差异。在香螺肠道组织中，紫贻贝组表现出最高的脂肪酶活性，达到 22.48U/mg，而河蚌组、扇贝裙边组和人工饲料组的脂肪酶活性略低于紫贻贝组，但这些差异并不显著。在香螺胃组织中，人工饲料组的脂肪酶活性最低，仅为 30.41U/mg，明显低于扇贝裙边组、紫贻贝组和河蚌组（$P<0.05$）。此外，在香螺肝脏组织中，人工饲料组的脂肪酶活性同样最低，为

32.64U/mg，而河蚌组、扇贝裙边组和紫贻贝组的脂肪酶活性明显高于人工饲料组（$P<0.05$）。

以上研究表明，河蚌和紫贻贝喂养下香螺的免疫酶活性较高，提示这两种饲料对香螺的免疫能力有一定的促进作用。河蚌、紫贻贝、扇贝裙边的消化酶活性高于人工饲料，肉食性的香螺对人工饲料的喜好性要低于天然饵料。而人工饲料无论在诱食性、增重效果、消化酶活性以及免疫酶活性方面，都比其他实验组差。因此，仿照东风螺配制的人工配合饲料并不适合在香螺养殖中的应用。

在另一项研究中，科研人员对不同饲料饲养的香螺肝脏转录组进行了差异基因表达分析。利用高通量转录组测序技术，对不同饲料饲养的香螺进行转录组测序，通过分析各样本基因表达量情况，进行表达差异分析，寻找出差异基因及其所在的通路，注释其功能，分析不同组在差异基因及通路上的不同，通过其调控的功能，对不同饲料喂养下产生的差异进行分析，从而对不同饲料喂养对香螺的影响在分子层面进行解释。具体结果如下：

通过 Illumina Hiseq2000 对香螺的肝脏组织进行转录组测序，制备了4个测序文库。对差异表达基因的鉴定与分析发现，河蚌组 vs 人工饲料组产生的差异基因最多，为 3 929 个。河蚌组上调基因为 2 669 个，人工饲料组上调基因为 1 260 个。牡蛎组 vs 人工饲料组产生的差异基因最少，共 3 407 个，其中牡蛎组上调基因为 1 596 个，人工饲料组上调基因为1 811个。

GO 分类结果显示在细胞组成中，河蚌组上调基因主要集中在小亚基加工体、细胞外区域、微管组织中心；人工饲料组上调基因主要集中在胞质小核糖体亚基、细胞外区域、兴奋性突触。在生物过程中，河蚌组上调基因主要集中在成骨细胞分化、DNA 介导、蛋白质折叠中；人工饲料组上调基因主要集中在翻译、突触传递、甘氨酸进口通过质膜中。在分子功能中，河蚌组上调基因主要集中在 DNA 聚合酶活性、肽酶的活动、肽链内切酶活性中；人工饲料组上调基因主要集中在核糖体的结构组成、翻译抑制因子活性、mRNA 调控元件结合中。

KEGG 通路分类结果表明，河蚌组上调通路主要有抗原处理及呈递、溶酶体、细胞凋亡等；人工饲料组上调通路主要有金黄色葡萄球菌感染、核糖体、补体和凝血级联等。

此外，极显著差异表达的部分基因显示涉及细胞增殖、分化、免疫调节等，表明香螺免疫防御系统结构与功能发生重大变化，同时免疫防御系统的能力可能下降，且香螺消化能力也有下降趋势。这与生长性能下降、香螺营养物质含量下降的结果一致。

该实验详细阐明了不同饲料对香螺在基因表达水平上的影响。河蚌组在免疫调节、溶酶体功能等方面对香螺的积极促进作用较为显著，而人工饲料组在金黄色葡萄球菌感染、核糖体结构等方面有一定的调节作用。这表明不同饲料喂养下，香螺的生理代谢、免疫系统、细胞结构等受到了多方面的影响。未来的研究可以进一步探讨这些影响的机制，为优化香螺养殖提供更多科学的依据。

4.2.3 方斑东风螺的营养需求研究

目前，海螺的营养学研究最为全面的是方斑东风螺，已成功开发出人工配合饲料用于生产。笔者总结了方斑东风螺的营养需求，以期为香螺的营养学和饲料学研究提供借鉴。

4.2.3.1 对蛋白质的需求

与香螺食性相似，方斑东风螺从稚贝阶段开始一直到成体均为肉食性。在自然条件下，它们主要以鱼类、虾类和其他贝类为食。因此，这两种螺类对蛋白质的需求量较高。为了深入研究方斑东风螺的营养需求，众多学者进行了大量的相关实验，旨在为其养殖提供更为科学合理的饲料配方。

罗俊标等（2014）选用了鱼粉、豆粕、啤酒酵母作为蛋白源，通过调整鱼粉的含量，设计了 6 种不同蛋白质水平的饲料，其蛋白质含量范围为 18.58%～48.86%。在养殖了初重为（0.34±0.01）g 的方斑东风螺稚螺42d 后，利用折线回归模型分析得出结论，稚螺的适宜蛋白质添加水平为 42.78%。这一发现为方斑东风螺稚螺阶段的饲料配制提供了重要的参考依据。

许贻斌等（2006）以白鱼粉和酪蛋白为蛋白源，设计了 8 种不同蛋白质水平的饲料，蛋白质含量范围为 20%～55%。这些饲料用于养殖初重为 (2.16±0.05) g 的方斑东风螺，为期 60d。以相对增重率为指标，采用回归分析法，得出蛋白质适宜含量为 36.47%～43.10% 的结论。这一研究结果为方斑东风螺成螺阶段的饲料配制提供了有益的指导。

Zhou 等 (2007) 则以鱼粉、酪蛋白和明胶为蛋白源，配制了 6 组蛋白含量为 27%～54% 的半纯化饲料。实验结果显示，饲料蛋白质含量对东风螺的生长和消化酶活性有着显著的影响。通过二次回归分析，他们认为饲料蛋白质的最适比例为 45%。这一结论为东风螺的饲料配制提供了更为精确的数据支持。

除了对蛋白质需求量的研究外，周健斌 (2007) 还进一步研究了适宜的蛋白脂肪比。他以鱼粉和酪蛋白为蛋白源，鱼油为脂肪源，设计了 3 个蛋白水平 (35%、40%、45%) 和 3 个脂肪水平 (3%、6%、9%) 的正交试验。饲料蛋白能量比为 20.47～30.65mg/kJ。研究结果显示，当蛋白水平为 45%、脂肪水平为 6% 时，方斑东风螺的生长性能和蛋白质增量达到最佳。这一发现为方斑东风螺饲料中蛋白和脂肪的合理配比提供了科学依据。

Chaitanawisuti 等 (2011) 设计了 3 个蛋白水平 (18%、28% 和 36%) 和 2 个脂肪水平 (10% 和 15%) 的正交试验。研究结果显示，当蛋白含量为 36%、脂肪含量为 10%、蛋白能量比为 21.21mg/kJ 时，稚螺的生长性能和饲料利用率最佳。尽管这一研究设定的蛋白含量较低，脂肪水平较少，但其研究结论仍为方斑东风螺稚螺阶段的饲料配制提供了有益的参考。

在蛋白源研究方面，吴建国等 (2009) 对不同蛋白源饲料的养殖效果进行了深入研究。他们选用了鱼粉、豆粕、菜籽粕、啤酒酵母等原料进行组合，饲料蛋白含量控制在 34%～36%。根据东风螺生长性能的结果，他们认为鱼粉、豆粕、菜籽粕以 1：1：1 的比例组合为较优的蛋白源。这一研究为方斑东风螺饲料的蛋白源选择提供了重要的理论依据。

4.2.3.2　对脂肪和糖类的需求

在饲料中添加适量的脂肪和糖类，是一种有效节约蛋白质的策略，对于降低饲料成本和提高养殖效益具有重要意义。近年来，许多学者对此进行了深入研究，并取得了一些重要成果。

许贻斌（2006）通过饲养方斑东风螺幼螺的实验，探讨了脂肪含量对稚螺生长性能的影响。他设计了含量为 4%～16% 的 5 种不同脂肪水平的饲料，饲养稚螺 60d。实验结果表明，当脂肪含量为 4.54% 时，稚螺的生长性能受到了一定的影响。综合分析各生长指标，他认为脂肪的适宜需求量为 7.78%～10.74%。这一研究为合理控制饲料中脂肪含量提供了科学依据。

王冬梅等（2008）同样以鱼粉为蛋白源、鱼油为脂肪源，设计了含量为 5.5%～13.5% 的 5 种不同脂肪水平的饲料，饲养稚螺 60d。他们以增重率为指标，通过抛物线回归分析得出饲料中脂肪的最适含量为10.01%。这一结果与许贻斌的研究结果相近，进一步验证了合理添加脂肪对稚螺生长的促进作用。

另外，Zhou 等（2007）设计了以鱼油为主要脂肪源，脂肪水平为1.83%～11.73% 的 6 组等氮等能的半纯化饲料。他们发现饲料脂肪水平对东风螺的生长性能、消化酶活性、体组成以及软体部脂肪酸组成都有显著影响。以蛋白质增量为指标的二次回归分析得到脂肪需求量为 6.54%。这一研究不仅揭示了脂肪对东风螺稚螺生长的多方面影响，还提供了更为精确的脂肪需求量数据。

除了脂肪，糖类也是饲料中的重要成分之一。张丽丽等（2009）对方斑东风螺的适宜糖源进行了研究。他们分别添加了 20% 的葡萄糖、糊精、蔗糖、玉米淀粉、小麦淀粉和马铃薯淀粉作为糖源，配制成 6 种不同糖源的等氮等能饲料。实验结果显示，以生长、饲料利用率和消化酶活性为评价指标，小麦淀粉作为糖源的效果最佳。这为选择适合稚螺生长的糖源提供了有力支持。

在确定了适宜糖源后，张丽丽等（2009）进一步研究了适宜糖水平。他们设计了 6 种糖添加水平（5%、10%、15%、20%、25% 和 30%）的等氮等能饲料（蛋白含量为 48%，能量为 17kJ/g），养殖稚螺 10 周。以增重率为指标通过多项式回归分析得出饲料中糖的适宜含量为 27.08%。这一研究为合理控制饲料中糖含量提供了重要依据。

此外，张丽丽（2009）还研究了饲料糖及脂肪比例对稚螺生长和糖代谢的影响，发现当饲料中含有 27% 的淀粉及 8.34% 的脂肪（即糖脂比为3.24）时，能够使二者达到最佳平衡比例，最有利于幼体的代谢利用。这一研究为优化饲料配方、提高稚螺生长性能和饲料利用效率提供了新的思路。

4.2.3.3 微量元素和添加剂的研究

除了蛋白质、脂肪和糖类这三大基础营养素外，海洋生物的健康成长还需要一系列的微量元素和其他营养物质的支持。方斑东风螺作为一种重要的海洋生物资源，其生长和抗病能力的提升同样离不开这些营养素的供给。除了常规的饲料配方，现代养殖技术还通过添加常量元素磷、微量矿物元素、维生素和微生物制剂等，进一步促进方斑东风螺的生长和改善其健康状况。

磷作为生物体内重要的常量元素，对海洋生物的生长和代谢具有重要影响。研究发现，在方斑东风螺的饲料中添加磷源，不仅对其生长有显著影响，还能有效促进软体部碱性磷酸酶的活性。这一发现为优化方斑东风螺的养殖条件提供了新的思路。

除了磷之外，微量元素在海洋生物的营养需求中也占据着不可或缺的地位。董晓惠等（2014）的研究表明，以硫酸铜为铜源添加到配合饲料中（5～6mg/kg），可以显著提升方斑东风螺的非特异性免疫酶活性和软组织中铜的含量。这表明适量的铜元素摄入对于提高方斑东风螺的免疫力和生长质量具有重要作用。

另外，锌作为一种重要的微量元素，对海洋生物的生长和生理功能也有显著影响。杨原志等（2013）的研究发现，配合饲料中硫酸锌的添加量为 22.90～24.30mg/kg 时，可以显著增强方斑东风螺内脏团中相关酶活力，如碱性磷酸酶、总超氧化物歧化酶、铜锌超氧化物歧化酶、过氧化氢酶等。同时，添加量为 15.30mg/kg 时，还能显著提升方斑东风螺的体重。这一研究为合理调配方斑东风螺饲料中的锌含量提供了科学依据。

此外，锰和硒作为动物机体中多种酶的激活剂和组成成分，对海洋生物的生长和免疫功能也具有重要作用。谭燕华等（2011）和吴业阳（2012）的研究表明，在配合饲料中适量添加硫酸锰（5.0mg/kg）和亚硒酸钠（0.60～0.80mg/kg），不仅可以显著提升方斑东风螺稚螺的生长性能（包括增重率和壳增长率等），同时对其机体免疫酶活性、软体营养成分等指标也有明显促进作用。

虽然目前关于方斑东风螺配合饲料中对维生素需求的报道较少，但王冬梅等（2013）的研究发现，在基础饲料中添加 50～500U/100g 的维生素 D 有助于增强方斑东风螺稚螺的生长速度以及软体组织中粗蛋白质、粗脂肪、总灰分含量。这一发现为方斑东风螺养殖中维生素的补充提供了有益的参考。

益生菌微生物制剂作为一种新型的饲料添加剂，因其独特的生物学特性具有广泛的应用前景。在方斑东风螺的养殖中，益生菌微生物制剂的应用效果尤为明显。目前，已先后利用枯草芽孢杆菌、地衣芽孢杆菌、乳酸菌等配制微生物制剂投喂方斑东风螺。

王茜等（2014）和冼健安等（2016a；2016b）通过对比投喂益生菌微生物制剂与未投喂的对照组，发现投喂益生菌微生物制剂的方斑东风螺在生长速度、体重增加、存活率等方面均表现出明显的优势。一方面，益生菌微生物制剂中的有益菌群可以通过与宿主肠道内的微生物竞争营养和空间，抑制有害菌群的生长，从而维护肠道健康，提高饲料的消化吸收率；另一方面，益生菌微生物制剂还可以促进方斑东风螺的免疫系统的发育和功能，提高其非特异性免疫力，增强对疾病的抵抗力。此外，这些研究还发现，益生菌微生物制剂还可以改善方斑东风螺的肉质，提高其营养价值和经济价值。

4.2.3.4 诱食剂的研究

把一些动植物提取物添加到方斑东风螺人工配合饲料中，可明显提高方斑东风螺的摄食率。林琛（2007）比较研究了 15 种 L 型晶体氨基酸对方斑东风螺的诱食活性，结果表明，氨基酸对方斑东风螺的诱食作用主要是通过协同增效作用引起的，其中氨基酸组合（谷氨酰胺、谷氨酸、缬氨酸、丙氨酸、甘氨酸）的诱食效果接近相同浓度罗非鱼抽提液的 2 倍；谷氨酸、丙氨酸、甜菜碱组合的诱食效果接近罗非鱼抽提液；甜菜碱单独使用对方斑东风螺的诱食效果不明显，但和氨基酸组合配伍后，使氨基酸组合的诱食活性增强，表明氨基酸和甜菜碱之间具有协同增效的作用；仅用谷氨酸和添加甜菜碱的小组合的诱食活性就接近罗非鱼抽提液的效果，从经济角度出发，此小组合可以作为方斑东风螺经济实用的诱食物质添加在配合饲料中；而半胱氨酸、色氨酸、苯丙氨酸、甲硫氨酸、苏氨酸、赖氨酸对方斑东风螺无诱食作用，甚至可能抑制氨基酸的协同增效作用。

4.2.3.5 方斑东风螺人工配合饲料的研发现状

科研工作者经历了长时间的探究和摸索，证实已研制出的人工配合饲料和天然饵料的营养效果并无显著差异（Chaitanawisuti 等，2011），但是，目前市售的方斑东风螺人工配合饲料并未得到市场的广泛认可和推广。导致这一结果的关键因素包括两方面：其一，受方斑东风螺摄食速度缓慢的限制，水中长时间浸泡的人工配合饲料易松散、溶失，直接影响了饲料营养成分和养殖水体水质；其二，人工配合饲料中鱼粉含量高导致成本较高。因此，为了解决上述问题，针对方斑东风螺人工配合饲料的开发利用工作，未来还有待进一步完善。

4.2.4 香螺健康养殖相关配套技术建议

香螺作为新兴养殖品种，已经得到了市场的认可和学者的关注，其养殖产业从粗放型养殖进入集约化健康养殖阶段。但是，要想实现香螺的健康养殖，仅仅依靠品种的改良是不够的，还需要一系列的配套技术来支持。因此，针对香螺的健康养殖，从疾病防控、繁殖控制、遗传改良以及循环水养殖模式等方面，探讨香螺养殖的综合管理与可持续发展策略。

（1）疾病防控　疾病是影响香螺养殖业发展的主要威胁之一。为了有效防控疾病，首先需要深入了解香螺的生理特性和养殖环境，分析可能影响其健康的病原体和寄生虫。在此基础上，建立科学的疾病诊断方法，包括临床症状观察、分子生物学检测等，以便及时准确地发现患病个体。针对已确诊的疾病，免疫防控是一个重要的方向。通过研究疾病的致病机制，开发相应的免疫增强剂，提高香螺的抗病能力，降低疫情暴发的风险。

在实际养殖中，建立疫情监测系统是预防疾病扩散的有效手段。通过定期对香螺进行健康检查，监测养殖环境中的病原体和寄生虫水平，及时采取隔离和治疗措施，减少疫情发生的可能性。此外，水质管理也是疾病防控中不可忽视的一环。保持养殖水域的清洁和稳定，避免水质污染，有助于减少病原体的滋生和传播。通过合理调整养殖密度、饲料投喂量等养殖管理措施，可以降低疾病暴发的风险，为香螺养殖业的健康发展提供保障。

（2）繁殖控制　为了更有效地管理香螺养殖，繁殖控制是至关重要的一环。通过深入研究香螺的生殖生物学，包括繁殖周期、繁殖行为和孵化条件等方面，可以制定科学合理的繁殖控制策略。了解香螺的繁殖周期是关键的一步。通过对雌雄螺在不同季节的性成熟期进行仔细观察，可以确定其最适宜的繁殖时间。在制定养殖计划时，避开或有针对性地利用繁殖高峰期，有助于控制种群数量，防止过度繁殖。

深入研究繁殖行为，特别是交配行为，可以为繁殖控制提供重要信息。了解交配行为的规律和特点，有助于通过人工手段干预、控制繁殖的频率和数量。此外，针对繁殖后的孵化，制定相应的控制措施也是必要的。通过调控孵化条件，如控制温度、盐度等因素，可以有效地控制幼体数量。

（3）遗传改良　遗传改良是提高香螺养殖品质和效益的有效途径。通过选择优良个体和研究遗传多样性，可以尝试进行香螺的遗传改良研究，以提高养殖群体的生产性能和抗逆性。在香螺养殖的过程中，实施遗传改良可以进一步优化品种，提高生产性能和增强抗逆性。

首先，进行个体选择。通过对香螺群体进行详细的遗传学调查和评估，选择具有生长迅速、体质健康、抗病能力强等优良性状的个体作为繁殖种源。这有助于引入更多有益的遗传特性，为养殖提供更具优势的品系。其次，实施遗传改良计划。根据选育目标，制定遗传改良计划，明确改良的方向和目标。通过有选择性地培育特定性状，如提高肉质品质、增加产卵量等，逐步形成更适应市场需求的香螺品系。再次，关注遗传多样性。维持香螺群体的遗传多样性是遗传改良的关键。通过引入新的遗传资源，防止因长期选择引起的基因单一化，有助于提高种群的适应力和抗逆性。最后，应用现代遗传学技术。利用现代分子遗传学技术，对香螺的基因组进行深入研究，加速遗传改良的进程，这包括基因组测序、分子标记辅助选择等技术手段，为香螺的遗传改良提供更为精准的工具和方法。

通过系统性的选择和改良，可以培育更具经济效益和市场竞争力的香螺品系，推动香螺养殖行业的可持续发展。

（4）香螺的循环水养殖模式探索与开发　为了促进香螺养殖的可持续发展，需要探索和开发香螺的循环水养殖模式。该模式旨在最大程度地减少水资源的浪费，提高养殖系统的效益，并减轻对自然水域的影响。

首先，需要设计合理的循环水系统，这包括水质监测、水循环、废水处理等方面的技术。通过建立有效的水流循环，可以将废水中的有害物质去除，保持水质清洁，同时最大限度地回收和重复利用水资源。

其次，需要将多项技术整合到养殖系统中，这包括养殖废水处理、自动化水质监测、远程控制等技术。通过数字化技术的应用，可以实现对养殖环境的实时监测和管理，提高系统的智能化水平。

再次，还需要探索废水中有机质的资源化利用方式。例如，可以通过生物发酵产生的沼气作为养殖场的能源，这不仅可以减少废水的排放，还可以提供可再生的清洁能源，实现资源的综合利用。

最后，需要对循环水养殖模式的可持续性进行评估。这需要综合考虑经济、社会和环境因素。通过不断优化和改进，可以确保该模式在长期运行中既能保障养殖效益，又能维护周边生态环境的稳定。

5 香螺养殖过程的病害及其防控研究

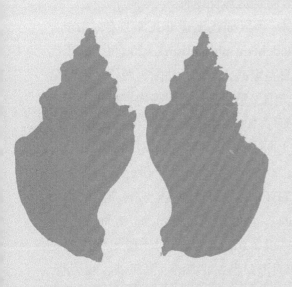

香螺在养殖过程中可能受到腹足纲一些常见疾病的影响。目前，关于香螺病害，国际上报道的主要有性畸变（imposex）和寄生虫病。其中，性畸变主要是人为污染造成的，对物种种群的危害极大，甚至导致物种灭绝。研究证实，香螺发生性畸变后其寄生虫感染率也更高。

5.1 腹足纲动物的性畸变

5.1.1 全球腹足纲性畸变的发生情况

性畸变是指雌性异体生殖腹足纲动物上出现雄性特征（如交接器和输精管），是在海洋环境中广泛存在的现象。Blaber 于 1970 年首次在狗岩螺（*Nucella lapillus*）中发现雌性个体中发育出不正常的雄性特征，包括阴茎和输精管的形成，严重时会导致输卵管的堵塞，阻碍受精的完成和卵囊的释放，使雌性成体不育，种群退化，甚至区域性绝种。

1971 年 Smith 引入性畸变一词，用以描述上述非正常现象，Jenner 亦将这种现象称为假雌雄同体（pseudohermaphroditism）。20 世纪 80 年代后，世界范围内腹足类性畸变研究日益繁盛，英国、法国、西班牙、葡萄牙、荷兰、日本、韩国、加拿大、美国、墨西哥、巴西等均有报道，甚至有研究者在格陵兰岛的蛾螺属中发现了 100% 的性畸变率（Horiguchi 等，1994；Axiak 等，1995；Sole 等，1998；Strand 等，2003；Petracco 等，2015；Petracco 等，2015；Jung 等，2015）。至 2005 年，研究者共发现世界范围内有 195 种螺对三丁基锡（TBT）污染有性畸变效应，典型的种类有狗岩螺、粒结螺（*Morula granulata*）、西欧骨螺（*Ocenebra erinacea*）、疣荔枝螺（*Thais clavigera*）等（覃兰雪等，2020）。我国对于腹足纲性畸变的研究起步较晚，施华宏等 2001 年对海口港、北海港、湛江港、汕头港、厦门港等我国东南沿海重要港口进行调查，结果发现 11 种海产腹足类存在性畸变，包括疣荔枝螺、黄口荔枝螺（*T. luteostoma*）、蛎敌荔枝螺（*T. gradata*）、甲虫螺、西格织纹螺（*Nassarius siquijorensis*）等。2003 年 3 月施华宏等对中国沿海腹足类性畸变进行首次大范围调查，共发现了 13

种螺类发生性畸变。而今，随着中国学者的研究不断深入，更多性畸变螺类被发现，性畸变调查也多分布于东南沿海。由于性畸变直接导致性成熟个体的不育，因此最大的影响是导致种群减少。

5.1.2 腹足纲动物性畸变的诱因

导致腹足纲动物性畸变的原因已被明确，主要是有机锡化合物所造成的。有机锡是迄今为止通过人为活动引入水环境中毒性最强的化学物质之一（Gibbs 等，1988），也是目前已知内分泌干扰物质中唯一的金属化合物。国外有机锡生产始于 1945 年，当时年产量约为 500t，主要用作 PVC 稳定剂。1955 年有机锡化合物产量尚不足 5 000t，而自 20 世纪 60 年代有机锡化合物，特别是三丁基锡的防污特性被发现以来，有机锡防污涂料开始取代氧化铜涂料投放市场，在之后的 10 年里备受青睐（Thompson 等，1985）。至 1988 年，有机锡化合物年产量猛增至 35 000t（Laughlin 等，1985）。有机锡共有 4 种烃基取代物，其生理活性 $R3SnX>R4Sn>R2SnX2>RSnX3$（R 可为烷基、芳基、烃基等；X 可为无机或有机酸根、氧或卤族元素）。研究表明，20ng/L 的 TBT 就足以有效防止船体码头的污损生物（Laughlin，1991）。但在防污的同时，TBT 也会对许多非靶生物造成毒害。第一位注意到有机锡污染的是 Thomas，他于 1967 年发现加拿大海水养殖架上使用有机锡会导致牡蛎贝壳明显加厚，但并未引起人们的关注（周名江等，1994）。直到 20 世纪 70 年代末，法国阿卡雄湾中的一种商业牡蛎出现生长畸形及繁殖能力衰退等现象后，人们才开始认识到有机锡污染及毒性（Alzieu，1991）。80 年代，世界各地形成了有机锡污染的研究热潮，人们发现 TBT 对鱼类、鸟类、无脊椎动物、哺乳动物、真菌、藻类等均有毒性作用，其中最为显著的是腹足纲性畸变，自从 1986 年 Bryan 在极低单位 TBT 浓度下诱导出了狗岩螺性畸变，并证明 TBT 是野外唯一能引起狗岩螺性畸变的有机锡化合物（Gibbs 等，1986），已有数位学者证实水中 TBT 含量只要达到 1ng/L 就能引起腹足类发生性畸变（Mollere 等，1989；Bryan 等，1991；Evans 等，1995）。

认识到 TBT 的毒性后，各国政府采取了积极的控制措施。1974 年，联合国海洋污染防治公约就已将有机锡列入必须控制的黑名单;1976 年,莱茵河公约又把 5 种毒性特别大的有机锡化合物列入严格要求限制的黑名单。1982 年,法国率先在短于 25m 的船舶上禁止使用有机锡防污涂料;1987 年后,英国 (1987)、美国 (1988)、澳大利亚 (1989)、欧盟 (1991) 纷纷立法限制有机锡的使用。亚洲地区,日本于 1990 年禁止在船舶上使用含 TBT 的防污漆,至 1997 年全面禁止。国际海洋组织 (IMO) 自 1992 年起提出限制 TBT 使用,2005 年通过了《控制有害船底防污系统的公约》,要求到 2008 年 1 月 1 日,所有船舶上完全禁止该防污系统的使用 (IMO,2005)。禁止使用有机锡防污漆也已被列入 2020 年欧洲海洋战略框架。

在限定法规实施 3~10 年后,世界上许多国家对腹足类性畸变情况进行了长期监测。部分地区种群性畸变程度有不同程度的下降,一些种群曾灭绝的区域也重新得到了恢复,如英国海区;有些海区法规的效果则不明显,如葡萄牙、澳大利亚沿海;在一些没有制定法规的区域,腹足类性畸变程度甚至日趋严重,如泰国普吉岛海岸。

5.1.3 有机锡在螺体组织中的残留浓度和诱发机理

TBT 在螺的各组织器官中存留的浓度不同,由性畸变这一显著的毒性效应可以得知,螺体性腺中的 TBT 水平较高,而对于其他组织中的 TBT 浓度现有的研究较少。Francesca 检测发现,在连接威尼斯潟湖和亚得里亚海的通道附近采集的环带骨螺 (*Hexaplex trunculus*) 消化腺和性腺中,TBT 浓度范围是每克干物质中 (102 ± 17) ~ (432 ± 27) ng,在其他软组织中是每克干物质中 (96 ± 24) ~ (297 ± 107) ng (Francesca 等,2004)。而安立会等研究渤海湾性畸变野生脉红螺 (*Rapana venosa*),发现肌肉和消化腺组织中具有较高水平的 TBT (安利会等,2013)。

腹足类性畸变是由 TBT 导致雌体内生睾酮升高引起的,先前已有研究者提出了 4 种睾酮水平升高的可能途径:通过抑制芳香化酶 (或细胞色素) P450 来增加雄性激素含量 (Bettin 等,1996);抑制睾酮分泌 (Ronis 等,1996);干扰神经内分泌系统 (Feral 等,1983);异常神经肽 APGW

酰胺的释放（Oberdorster 等，2000）。而 Nishikawa 等 2004 年提出了一个新的有机锡诱导性畸变的机制假说，认为有机锡化合物可直接与 X 受体（RXR）结合，作为受体激活剂诱导性畸变（Nishikawa 等，2004）。Horiguchi（1999）和施华宏等（2009）分别归纳了有机锡化合物导致腹足类性畸变的可能机理，但腹足纲螺类性畸变的致病机理仍需进一步确定。

5.2　香螺的性畸变和寄生虫感染研究现状

在 2007 年，Miranda 等首次在日本的 Saroma 潟湖中发现并报道了香螺的性畸变现象（Miranda 等，2007），同时在这些性畸变香螺体内也发现了寄生虫，且二者存在一定的关联性。为此，Miranda 等（2007，2009）将性畸变和寄生虫感染的相关性进行了详细调查研究。

研究人员评估了 Saroma 潟湖中香螺的性畸变和寄生虫感染的发生率，以及它们之间的关系。在检测的雌性个体中，30.9% 出现了性畸变，25.1% 的雄性和雌性个体被寄生虫感染。经统计，性别之间或成熟和未成熟个体之间，寄生虫感染比例没有显著差异，寄生虫感染指数在性别之间也没有显示出差异（雄性为 0.079，雌性为 0.074），且寄生虫感染也没有显示出时间相关性。但无论雄性还是雌性，总体上倾向于在大个体中比小个体感染率更高。总样本中共有 19.3% 的雌性个体显示出性畸变并被寄生虫感染，并且中后期性畸变螺被寄生虫感染的比例明显低于初期被感染的比例，体现在性畸变阶段 1（出现圆芽形阴茎体，S1）海螺寄生虫感染率为 28.6%，阶段 2（圆芽形阴茎体分化出不同结构，S2）海螺寄生虫感染率为 7.4%，阶段 3（类似于雄性但尺寸较小的阴茎，S3）海螺寄生虫感染率为 10.3%。

5.2.1　香螺性畸变现象数量统计

经过缜密的数据收集与整理，相关研究人员针对香螺性畸变现象进行了系统的研究。该次实验共采集了 1 065 个样本，其中雄性与雌性的性别比例稳定在 0.82。

雌性样本共计 585 个，其中 181 个（占比 31%）出现了性畸变现象。进一步分析显示，这些性畸变现象可划分为三个阶段：S1、S2 和 S3。其中，S1 阶段占比 54%，S2 阶段占比 30%，S3 阶段占比 16%。此外，研究人员还观察到，发生性畸变的雌性个体中，成熟个体（壳长超过 75mm）占比高达 96%，而未成熟个体仅占 4%。值得注意的是，性畸变的程度与个体大小之间呈现出明显的相关性。具体而言，S1 阶段主要出现在 50～95mm 的个体中，S2 阶段主要出现在 70～100mm 的个体中，而 S3 阶段则主要出现在 80～95mm 的个体中。这一发现为深入探究性畸变现象的成因提供了重要线索。

在发生第三阶段性畸变的 29 个雌性个体中，有 11 个被观察到发育出了输精管。这一现象揭示了性畸变现象可能对个体的生殖功能产生重要影响。

5.2.2 香螺寄生虫感染数量统计

腹足纲动物作为各种吸虫的主要寄主，在生物学界已经得到了广泛的关注。这些吸虫在腹足类动物的腹部团块中发育，并从其消化腺和生殖腺中获取营养。

在过去的研究中，已经报道了多种腹足纲动物的寄生现象。例如，欧洲峨螺（*Buccinum undatum*）和厚壳玉黍螺（*Littorina littorea*）都遭受了吸虫的侵害（Koie，1969；Hughes 等，1982）。这些寄生虫不仅影响了腹足纲动物的性细胞数量，而且可能导致了性畸变。

在潟湖香螺性畸变的研究中，学者也观察到了寄生螺组织中的不同大小的"黄色团块"。这些团块实际上是由一种未鉴定的吸虫的孢子囊（包含尾蚴）寄生所形成的。这些黄色团块主要分布在寄生螺的消化腺和性腺中。在受寄生虫感染严重的雌性螺中，这些黄色团块占据了消化腺的相当大的部分，从而大大压缩了生殖器官和消化腺的空间。在雄性螺中，消化腺和睾丸的尺寸也受到了压缩。在重度感染的情况下，精囊和输精管都消失不见。

为了更全面地了解寄生虫感染的情况，学者对整个种群进行了统计。结果显示，总感染率为 25.07%，其中雄性螺的感染率为 25%，雌性螺的感染率为 25%。值得注意的是，雄性和雌性之间的感染比例并没有显著差异。此外还发现，在整个一年周期中，被寄生虫感染的螺的雄性比例在 7.4%～58.3%，而雌性比例则在 7.0%～65.9%。两性成熟和未成熟个体之间的感染比例也没有显著差异。

进一步分析发现，雄性感染率的平均值为 (27.2±18.2)%，而雌性为 (23.9±16.6)%。这表明雄性螺相对于雌性螺更容易受到寄生虫的感染。此外，研究还发现寄生虫感染率在大螺中发生率较高。对于小于 50mm 的个体，雌性螺的感染率为 8.0%，而雄性螺则为 0。对于壳长在 50～90mm 的个体，总感染率在 20%～35%。而对于壳长超过 90mm 的个体，雄性螺的感染率急剧下降到 6%，但雌性螺却增加到 36%。这一现象可能与不同壳长的螺在生活习性、生存环境以及抵抗力等方面的差异有关。

由此可见，香螺寄生虫感染对其生理结构和生殖能力产生了显著影响。通过对整个种群的统计与分析发现，雄性螺相对于雌性螺更容易受到寄生虫的感染，并且大螺的感染率更高。这些发现为进一步了解腹足纲动物的寄生现象提供了有价值的参考信息。同时，也为防治和控制寄生虫感染提供了理论依据和实践指导。

5.2.3 研究结果分析

性畸变程度的检测通常与 TBT 化合物相关，直接反映了水中的 TBT 浓度 (Smith，1981；Gibbs 等，1987)。在北海道周围的海域中，尤其是在 Saroma 潟湖中观察到的香螺性畸变现象，是导致该种群减少的因素之一 (Fujinaga 等，1999；Fujinaga 等，2002)。研究发现，雄雌比例、性畸变频率和寄生虫感染率等参数在 Saroma 潟湖的香螺种群中发生了显著变化。

与前期调查相比，雄雌比例已经从 2.2 降至 0.81，性畸变频率从 100%降至 50%，寄生虫感染率从 13.7%降至 0.1%，这都说明 Saroma 潟湖的香螺种群已从性畸变中恢复过来。此外，该研究中全年约有 25%的个体被寄生虫侵扰，其中雄性感染率为 7.4%～58.3%，雌性为 7%～65.9%。

　　寄生虫感染的不同程度用寄生虫指数表示，该指数与宿主体内黄色团块的数量和大小相关。雄性和雌性生殖器官减小和消失显著地影响螺的正常繁殖，导致产卵量降低和绝产。而成熟和未成熟螺的感染比例并没有显著差异，说明寄生虫的感染是随机不固定发生的。此外，感染率在两性之间以及时间上都没有显著变化，这些都表明寄生虫感染是一个随机过程。然而，研究结果却发现，在 80～100mm 的雄性个体中，寄生虫感染率急剧下降，而雌性寄生虫感染率增加。这个现象很难解释，但是很明显，正常健康的大个体雌性比健康大个体雄性更容易受到寄生虫的感染。

　　从感染指数值随全年时间变化趋势看，最高峰出现在 7 月高温季节，随后指数呈现下降趋势，一直到次年 4 月后开始逐步上升，与水温变化同步，但是每个月发生率没有显著性差异。

　　分析性畸变和寄生虫关联性发现，在 19.3% 的雌性中同时显示出性畸变和寄生虫感染；同时，在性畸变现象较为严重的大型雌性海螺群体中，寄生虫感染率较低，而发生性畸变的小型雌体寄生虫感染率较高。关于二者之间的关系很少有研究进行报道，但一些研究已经显示了水污染对寄生虫感染的影响。

　　作者可以认为螺通过积累 TBT 化合物导致了性畸变，所以处于高级阶段性畸变的螺（大个体的雌性）比那些性畸变程度低的个体体内积累了更多的重金属，导致寄生虫不适应，因此出现了高度性畸变（S2 和 S3）的雌性螺却有低寄生虫发生率的现象（Sullivan 等，1981；Bezerra 等，1997）。而在性畸变阶段的开始，雌性螺可能由于防御反应较弱，为寄生虫的侵入和发育提供了更有利的条件（Hughes，1986）。

　　从结果来看，性畸变遵循了以前研究中观察到的恢复趋势。S3 阶段的雌性可能无法繁殖，但这对整个种群的影响可能很小。然而，寄生虫感染似乎是一个更具破坏性的现象，Saroma 潟湖中 25% 香螺都被感染，但是具体寄生虫生物学研究没有进一步报道。在未来，对性畸变和寄生虫感染之间的关系进行深入研究，将有助于更好地了解香螺种群减少的原因，并为保护和管理这一物种提供科学依据（图 5-1）。

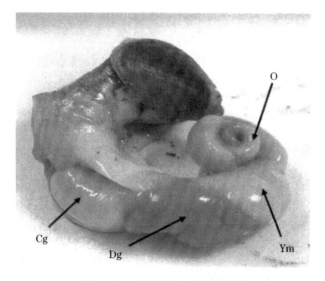

图 5-1　感染寄生虫的雌性香螺
O. 卵巢　Ym. 黄色团块　Dg. 消化腺　Cg. 卵囊腺

5.3　螺的病害学研究

由于香螺的人工养殖刚刚兴起，没有形成规模性产业，因此其病害研究报道不多。但可以借鉴其蛾螺科的近亲——方斑东风螺的研究数据作为参考。在我国南部地区，方斑东风螺的人工养殖已经发展到了相当大的规模，并形成了一门重要的产业。由于这个产业的规模化和专业化，其在养殖技术的提升和病害防控等方面都取得了显著的进步。这些成就不仅推动了方斑东风螺养殖业的发展，也为香螺养殖领域的研究提供了宝贵的经验和参考。

方斑东风螺养殖过程中的各种病虫害的发病也不断增多。据报道，2011 年海南省东风螺养殖场暴发大规模的壳肉分离病，造成高达 30%～50% 的死亡率，导致直接经济损失近 4 000 万元（沈铭辉等，2015）。截至目前，已鉴定出的东风螺病原主要有 2 大类：其一是细菌性疾病，包括由鳗弧菌变种引起的肿吻病（张新中等，2010）、哈维氏弧菌引起的吻管水肿病（黄郁葱等，2009）、哈维氏弧菌或塔氏弧菌（*V. tubiashii*）引起的急性死亡症（又称翻背症）（王江勇等，2013）、弧菌暴发症、足部肿大症、脓疱病、呼吸管炎等（裴琨，2006；贾春红等，2013）；其二是寄生虫病，包含浮游期由聚缩虫引起的纤毛虫病（郑养福，2007）、稚螺时期被桡足类围攻而引起的壳肉分离病（又称脱壳病）（王建钢等，2011）、养成期由单孢子虫变种引起的单孢子虫病（彭景书等，2011）等。其中，急性死亡症和壳肉分离病是方斑东风螺养殖过程中最为常见且影响最严重的2种疾病类型，严重影响了方斑东风螺的工厂化养殖。

当方斑东风螺患上急性死亡症时，它们的活力会急剧下降，螺体仰翻，无法有力地钻入沙中，也无法进行摄食；腹足表面会积累大量灰黑色的杂质，足肌边缘会收缩内卷，呈波纹状；足部可能会全伸或半伸出螺壳，行动变得迟缓，无法再灵活感应外界的刺激。这种病症的暴发速度极快，感染性强，从少量螺体出现症状到全池暴发仅需 2～3d，且一旦暴发，就会伴随着较高的死亡率。

赵旺等（2020）的研究结果进一步证实，患有急性死亡症的方斑东风螺，其机体免疫系统和消化系统都会发生不同程度的改变。王江勇等（2013）通过组织病理切片观察，发现病螺的鳃叶、腹足、肝胰腺、消化道等器官的细胞出现变性、坏死、血细胞浸润等现象。为了对抗这种病症，研究人员找到了一些有效的药物。通过药敏试验证实，急性死亡症病原菌对恩诺沙星、磺胺类、喹诺酮类、头孢曲松等药物敏感，但对青霉素和阿莫西林等则表现为耐药（王江勇等，2013；黄瑜等，2016）。

除了急性死亡症，方斑东风螺还可能患上壳肉分离病。患有这种病症的螺类，其软体组织会自行脱离螺壳。尽管脱离后的软体外观完整，能正常吸附或埋藏沙底且行动无异常，但它们的摄食能力会大大降低，从而严重影响方斑东风螺的正常生长。这种病症常见于壳高小于 0.5cm 的方斑东风螺稚螺（杨章武等，2010）。狄桂兰等（2011）、王建钢等（2011）的研究也证实，患有壳肉分离病的病螺腹足和软体组织会发生明显病变，此外肝胰腺组织中血细胞数量也会显著减少。

为了应对这些疾病，研究人员也提出了一些防控措施。王国福等（2008）的研究结果显示，二溴海因配合聚维碘酮以及二溴海因配合中草药都可以有效杀死桡足类，有显著的治疗效果。此外，王建钢等（2011）发现，增加养殖水体中的溶解氧，提高方斑东风螺机体免疫力，也可以一定程度上降低病害的发生。然而，目前针对方斑东风螺病害的防控主要还是以预防为主。例如，通过改善养殖条件提高方斑东风螺自身机体抵抗力，及时清理养殖底沙中的残饵、残渣并定期消毒，混养或添加适量益生菌为方斑东风螺营造一个相对复杂而稳定的养殖生态系统等（赵旺等，2020）。

6 香螺分子遗传学

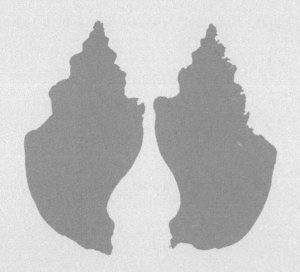

近年来，香螺自然资源逐渐减少，主要受到全球变暖、过度捕捞以及海水污染等因素的影响。在这一背景下，如何科学合理地开发、保护和恢复香螺资源成为亟待解决的问题。随着 20 世纪大分子化合物研究的不断突破，尤其是脱氧核糖核酸（DNA）双螺旋结构模型的建立，生命物质结构的深入解析使得人们能够在分子水平上理解基因复制机理、信息传递途径以及生物遗传变异的运动形态。这标志着遗传学研究从形态描述和逻辑推理为主的阶段，逐渐转变为以物质结构与功能相统一为分析着眼点的新的发展阶段。

6.1 香螺的分子遗传学研究概述

分子遗传学作为在分子水平上研究生物遗传和变异机制的学科，是在经典遗传学基础上发展而来。经典遗传学主要研究基因在亲代和子代之间的传递问题，而分子遗传学更关注基因的本质、功能和变化。从广义的角度来看，分子遗传学致力于描绘分子水平上的遗传体系或其组分的情形；而从狭义的角度来看，它更侧重于研究遗传机理的分子基础以及受遗传物质控制的代谢过程。分子遗传学的目标包括阐明脱氧核糖核酸的复制机理、脱氧核糖核酸与核糖核酸及蛋白质之间的关系，揭示基因的本质、表达、传递及其调节机制，研究基因突变的分子基础、核外遗传的分子机制以及细胞核质之间的关系等。总体而言，分子遗传学是指在以分子水平上揭示基因的本质、复制、变异、进化、表达调控、重组等生命现象的分子机理为研究目标的新兴学科。

香螺的分子遗传学研究主要集中在遗传多样性水平及种质资源的探讨方面。研究物种的遗传多样性对理论和实践具有重要意义。遗传多样性与物种的生长适应范围和环境适应生存能力呈正相关，高遗传多样性意味着物种具有更强的环境适应性和更广泛的分布范围。这对于揭示物种的进化历史和进化潜力，为种质资源研究提供科学依据至关重要。同时，遗传多样性研究也是保护生物学的核心内容之一，为濒危物种的保护和种群恢复提供理论基础，指导制定保护方针和措施。

张旦旦（2021）通过基于 GBS 测序技术对黄海、渤海 6 个香螺群体［包括大连黑石礁（HS）、大连獐子岛（ZZ）、大连旅顺（LS）、山东烟台（YT）、山东蓬莱（PL）和山东威海（WH）群体］开展群体基因组学研究，首次从基因组水平上开发大量的 SNP 位点，并揭示了黄海、渤海 6 个香螺群体的精细群体遗传结构，为我国香螺渔业资源的管理和保护提供了重要的理论依据。同时，对不同季节的两个地理群体香螺样本进行转录组分析，筛选与环境适应性相关基因，并比较不同群体在不同季节下的基因表达差异。相关研究结果对于探明香螺遗传多样性水平和种质遗传背景，深入了解香螺环境适应的遗传学机制具有重要的科学意义，对香螺资源的合理保护和管理具有重要的指导价值。

6.2　香螺群体的遗传结构及本地适应性初探

黄海、渤海的沿海水域拥有丰富的生物资源，包括了 500 多种浮游生物和底栖生物，形成了许多天然渔场。近年来，由于大规模捕鱼、工农业和生活污水入海，黄海、渤海地区的生物多样性受到了很大影响。Avise 等（2009）研究海洋鱼类群体间遗传结构、群体间相互关系等问题时，发现群体遗传学的研究方法对于合理解释海洋鱼类的群体遗传结构、探讨其相关影响因素具有较大的优势。

简化基因组测序能鉴定出合适数量、广泛覆盖全基因组范围的变异位点，具有成本相对较低、适于大规模群体研究的特点，被广泛应用于群体遗传分析领域。GBS 是通过限制性内切酶对基因组进行酶切，获得基因组水平的高密度 SNP 标记。该技术已广泛应用于遗传学研究和种质鉴定领域。

海洋的温度和纬度梯度是人们普遍认为的群体地理分布原因，已有多位学者研究了海洋生物本地适应性。目前，还没有研究对香螺种群的本地适应性问题进行深入探讨。因此，该研究利用 GBS 技术对黄海、渤海沿岸的 6 个香螺自然群体进行遗传结构、分化及本地适应性研究，以期从基因组层面系统查明黄海、渤海海域香螺遗传多样性水平，揭示香螺的种群遗传结构。研究结果可为香螺种质资源的保护和管理提供理论依据。

6.2.1　香螺的群体遗传学分析

为了研究 6 个香螺群体的遗传分化程度，首先进行了主成分分析，结果发现，除 WH 及 ZZ 群体大部分集中在一起外，其他样品都聚为一处，未发现明显的遗传分化。在 6 个群体香螺种群遗传结构的分析中，基于ARLEQUIN 的两两群体间的 FST 范围为 $-0.046\ 83$（YT 和 ZZ）到$-0.020\ 41$（HS 和 PL），为得到不同群体的遗传多样性，对 6 个香螺群体筛选后的 SNP 位点进行观测杂合度（Ho）、期望杂合度（He）、核苷酸多样性（Pi）分析。群体间的 pairwise FST 值很小，说明香螺群体之间的遗传分化水平很低，未形成种群的地理隔离（表 6-1）。遗传分化水平低可能由长期基因交流产生，也可能与人为活动或遗传漂变有关或与香螺随机交配的生物学特征有关。还可能因为香螺性成熟后会聚集到共同的产卵场进行繁殖，不同地理群体是从同一基因库随机分配而来，因此遗传组成并无显著差异。

表 6-1　香螺两两群体 FST 分析统计

采样点	HS	LS	PL	WH	YT	ZZ
HS	0.000 00					
LS	−0.027 79	0.000 00				
PL	−0.020 41	−0.029 58	0.000 00			
WH	−0.018 05	−0.029 95	−0.024 42	0.000 00		
YT	−0.023 56	−0.025 06	−0.029 30	−0.037 59	0.000 00	
ZZ	−0.038 06	−0.036 79	−0.037 54	−0.042 13	−0.046 83	0.000 00

AMOVA 分析显示 0.27% 的遗传差异来源于群体间，100.80% 的遗传差异来源于群体内。ADMIXTURE 获得的结果显示，所有香螺分属 2个集群。

6.2.2 香螺本地适应性分析

种群在不同环境下是通过改变遗传基础来适应环境变化的。早期研究表明，不同地理群体在遗传组分上存在的差异是自然选择对不同群体的作用所致。例如，采用简化基因组测序对 11 个不同群体日本鳗鲡的 37 700 个 SNP 位点进行研究，发现有 64 个与环境因子显著相关的位点。采用 10 153 个离散 SNP 位点探究松江鲈对环境适应性的问题，发现了 32 个与环境因子相关的位点。

研究利用在线 Blast X 对筛选获得的 331 个 GBS 离散位点进行注释，结果显示，67 条序列有比对结果；使用 Blast2GO 将 67 条有比对结果的序列进行功能注释，结果显示，能够定位到 GO 数据库里的序列仅 15 条。这些位点所在的基因参与细胞组成、分子功能和生物过程，主要包括应激反应代谢过程、生物调节、催化活性等（表 6 - 2）。

表 6 - 2　适应性相关基因注释

基因功能	基因注释	基因个数
细胞成分	细胞膜	4
	膜部分	3
	细胞部分	3
	细胞	3
分子功能	蛋白质复合	2
	催化活性	12
	结合	6
	分子转导活性	1
生物过程	细胞过程	10
	代谢过程	9
	生物过程调控	2
	信号	1
	刺激反应	1
	生物调节	2

对 6 个不同群体香螺的 1 992 个 SNP 位点进行研究，发现仅有 15 个离散位点与环境因子相关，且注释结果显示，多个离散位点与能量代谢相关，说明香螺在温度较低时会调用体内储存的能量来适应环境的变化。结果还证实，影响渗透压调节的基因与离子和膜转运相关，这对于香螺随温

度变化而更好适应环境发挥了重要作用。

6.3 基于香螺转录组技术的本地适应性遗传机制研究

6.3.1 实验操作方法

RNA-Seq 技术是一种利用深度测序技术的转录组分析方法，广泛应用于基因表达研究和探索控制特定生物学特征的机制。其主要应用领域包括基础生物学、医学和药物研究等，主要用于差异表达基因分析、构建基因表达谱、构建 microRNA 表达谱以及新基因的发现等方面。

目前，关于使用 RNA-Seq 技术研究温度变化对香螺适应机理的研究尚未见报道。为填补这一研究空白，张旦旦（2022）选择香螺为研究对象，采用 RNA-Seq 技术对春、夏、秋、冬四季在山东烟台（YT）和辽宁大连獐子岛（ZZ）2 站点采集的香螺鳃组织进行了转录组测序。通过分析不同实验组之间基因转录表达的差异，为揭示香螺适应机理的分子机制提供理论基础。

在具体的实验中，于 2021 年每个季节的每个站点，取样 20 只香螺，将同一采集点的 5 个不同香螺样品进行等量混合后使用。样品的鳃组织采集后立即置于液氮中冷冻，并保存在 −80℃冷冻冰箱中备用。

实验方法主要包括 RNA 提取、文库构建、质检与上机测序、数据质控、转录本拼接及注释、差异基因富集分析，以及差异基因表达的 GO 和 KEGG 分析等步骤。这一系统而全面的实验设计旨在全面了解香螺在不同季节和站点之间基因表达的变化，为深入研究其适应机理提供翔实而可靠的实验基础。

6.3.2 实验结果

（1）基因注释概况　Nr 数据库注释后，从香螺的比对物种分布图可以看出（图 6-1），在 Nr 库已收录物种中，成功比对比例最大的是福寿螺（*Pomacea canaliculata*），达到 17 520 个基因注释，占总基因数的 45.2%。这表明香螺的基因序列与福寿螺具有较高的相似性。紧随其后的是虾夷扇贝，能比对上的基因注释为 1 783 个，占总基因数的 4.6%。排名第三的是海蛞蝓（*Aplysia californica*），达到1 201个基因注释，占总基因数的 3.1%。这三个物种在基因注释方面的比对结果，反映了香螺基因序列的亲缘关系特点。

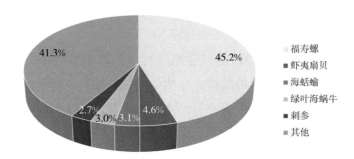

图 6-1　Nr 数据库注释香螺比对物种分布

通过对香螺基因进行 GO 注释，可以将注释成功的基因分配到 3 大本体门类中，分别为生物学过程、细胞组分和分子功能。在生物学过程中，细胞过程和代谢过程的基因数量最多，分别为 30 537 个和 24 326 个。这些基因参与了香螺的生命活动过程和能量代谢，对维持其生存具有重要意义。

在细胞组分中，细胞解剖实体和细胞内部为主要的 2 条 GO 条目，其基因数量分别为 28 576 和 14 469 个。这些基因主要涉及香螺细胞结构和功能的研究，有助于深入了解香螺的生物学特性。

在分子功能中，结合和催化活性的基因数量最多，分别为 22977 个和 16 876 个。这些基因在香螺的代谢、信号传导等过程中发挥着关键作用，为香螺的生命活动提供了必要的功能保障。

总之，通过对香螺基因的注释和分类分析，该研究揭示了香螺基因序列的物种亲缘关系特点及其在生物学过程、细胞组分和分子功能方面的丰富多样性。这些研究结果为后续香螺的生物学研究提供了重要的参考和基础。

（2）KOG 分类结果　KOG（Knowledge Organized Gene）的分类注释过程将众多基因分为了 26 个不同的门类（图 6-2），分类涉及的基因数量共有 9 929 个。

在这 26 个门类中，一般功能的基因数量最多，达到了 1 657 个。这些基因主要涵盖了生物体基本的生理和代谢功能，为生命的正常运行提供了保障。紧随其后的是信号转导机制基因，数量为 1 568 个。这些基因在生物体内起到了类似"通信系统"的作用，调控细胞对外界刺激的响应，以及细胞内各种生物过程的有序进行。排名第三的是一类与翻译后修饰、蛋白转运和分子伴侣相关的基因，数量为 1 123 个。这些基因在蛋白质合成、加工和运输过程中发挥着关键作用，确保蛋白质能够正确地到达指定的位置，并发挥预期的功能。

除此之外，这 26 个门类还包括其他各类基因，如碳水化合物代谢、脂类代谢、氨基酸代谢、核苷酸代谢等。这些基因共同构成了生物体的基因组，为生物体的生长、发育、繁殖等过程提供了强大的功能支持。

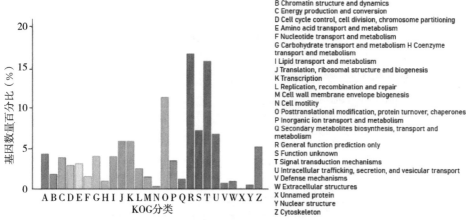

图 6-2　香螺转录组 KOG 分类

（3）KEGG 代谢通路分析　香螺转录组代谢通路分析如图 6-3 所示，KEGG 代谢途径将基因分为 5 个主要分支。这 5 条代谢通路涵盖了 34 条代谢途径，它们在生物体内起着至关重要的作用。在各分支中，有机系统所包含的基因数量最多，达到 4 658 个；而遗传信息处理所包含的基因数量最少，为 1 804 个。进一步分析发现，细胞过程在香螺转录组中主要涉及 4 个代谢途径，分别是细胞的生长与凋亡、细胞运动、细胞交流以及运输和分解代谢；其中，运输和分解代谢所占的基因数量最多，达到 1 038 个。环境信息处理主要涉及 3 个代谢途径，包括膜运输、信号转导和信号分子与相互作用；其中，信号转导所占的基因数量最多，达到 1 825 个。遗传信息处理主要涉及 4 个代谢途径，分别为折叠分解与降解、复制与修复、转录和翻译；其中，翻译所占的基因数量最多，达到 672 个。代谢主

89

要涉及 12 个代谢途径，包括氨基酸代谢、脂类化合物代谢等；其中，基因数量最多的是氨基酸代谢，达到 389 个，其次为脂类化合物代谢，有 375 个。有机系统主要涉及 10 个代谢途径，包括内分泌系统、免疫系统和消化系统等；其中，内分泌系统所含基因数量最多，达到 1 006 个，其次是免疫系统，数量为 881 个，再次为消化系统数量为 623 个。

综上所述，香螺转录组在多个代谢通路中具有较高的生物学活性，参与了生物体的生长、发育、免疫、消化等生理过程。这为进一步研究香螺转录组在生物体内的功能和作用提供了重要线索。

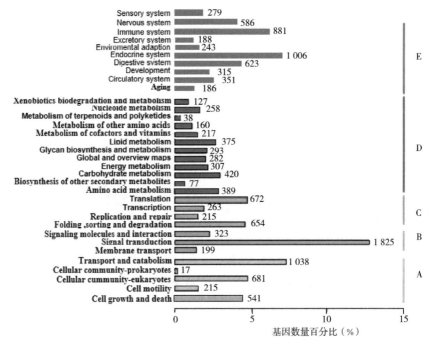

图 6-3 香螺转录组 KEGG 代谢通路

6.3.3 香螺差异基因表达分析

（1）差异基因筛选 根据 adj. $P < 0.05$ 且 $|\log2FC| >= 1$ 的筛选标准，笔者对獐子岛和烟台两地四个季节（依次用 C、X、Q、D 表示）的香螺鳃组织进行了比较研究，以探究香螺在不同地理分布和温度环境下适应性的分子机制。实验结果揭示了差异表达基因的数量和分布特点，以及这些基因在两地采样点中的共表达情况。

在獐子岛采样点中，笔者发现了三组差异表达基因数量较大，分别为 ZZ _ D vs ZZ _ X、ZZ _ Q vs ZZ _ X 和 ZZ _ C vs ZZ _ X。其中，ZZ _ D vs ZZ _ X 的差异表达基因数量最多，达到 10 043 个，包括 5 461 个上调基因和 4 582 个下调基因。ZZ _ Q vs ZZ _ X 的差异表达基因数量相对较少，为 3 510 个，上调基因和下调基因分别为 1 735 个和 1 775 个。

在烟台采样点，同样观察到了三组差异表达基因，分别为 YT _ D vs YT _ X、YT _ Q vs YT _ X 和 YT _ C vs YT _ X。YT _ D vs YT _ X 的差异表达基因数量最多，达到 20 909 个，上调基因和下调基因分别为 9 503 个和 11 406 个。YT _ C vs YT _ X 的差异表达基因数量最少，为 7 842 个，上调基因和下调基因分别为 5 160 个和 2 682 个（图 6 - 4）。

为了进一步分析这些差异表达基因在两地采样点中的共表达情况，笔者绘制了韦恩图（图 6 - 5）。结果显示，在烟台的三组比较中有 741 个共同表达基因，獐子岛的三组比较中有 533 个共同表达基因。这些共同表达基因很可能与香螺适应温度变化的分子机制相关。

总之，该研究通过对獐子岛和烟台两地四个季节的香螺鳃组织比较，筛选出大量差异表达基因，并发现这些基因在两地采样点中存在一定的共表达特征。这些结果为揭示香螺适应温度变化的分子机制奠定了基础，并为后续研究提供了有力支持。

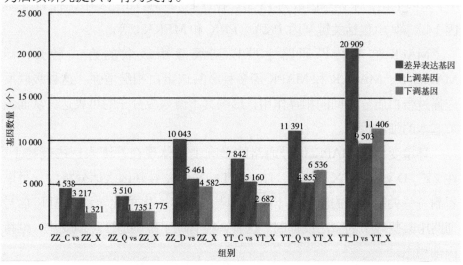

图 6 - 4 獐子岛和烟台采样点香螺各比较组间差异表达基因数统计

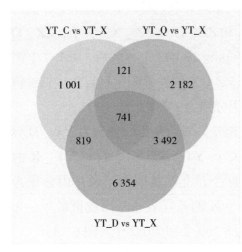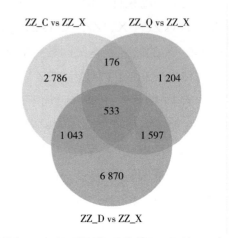

图 6 - 5　獐子岛和烟台采样点香螺不同季节差异表达基因韦恩图分析

（2）环境信息相关 MAPK 信号通路分析　MAPK 信号通路是细胞内重要的信号传导途径，参与调控多种生物过程，包括细胞增殖、分化、迁移、凋亡等。通过对 ZZ＿D vs ZZ＿X 和 YT＿D vs YT＿X 的差异基因表达分析，可以进一步了解环境变化对 MAPK 信号通路的影响。

分析表明，参与 MAPK 信号通路的基因共有 87 个。在 ZZ＿D vs ZZ＿X 中，包括 *FASL*、*PKA*、*MEKK*1、*MKK*3、*MP*1、*ERK* 和 *PPP3C* 等 8 个基因上调，下调基因数为 18 个。在 YT＿D vs YT＿X 中，有 11 个基因上调，其中包括关键基因 *PKA*、*ERK* 和 *MEKK*1 等。

MAPK 信号转导通路主要以三级激酶级联的方式展开，即 MAPKKK、MAPKK 和 MAPK 等多种激酶球蛋白相继增强。这种级联反应通过蛋白质分子间的相互作用，影响其下游效应分子的可表达，从而调节基本的细胞过程。

环境变化对 MAPK 信号通路的影响主要体现在基因表达的调控上。在 ZZ＿D vs ZZ＿X 和 YT＿D vs YT＿X 的差异基因表达分析中，可以看到一些关键基因的上调或下调，这表明环境变化可能导致 MAPK 信号通路中某些环节的激活或抑制。这种调控有助于细胞适应环境变化，维持内部稳态。

（3）免疫相关 Toll 样受体信号通路分析　笔者对 ZZ＿D vs ZZ＿X

和 YT＿D vs YT＿X 的 Toll 信号通路进行了深入分析。结果显示，ZZ＿D vs ZZ＿X 信号通路中，有 7 个基因上调，包括 *TOLLIP*、*P*13*K* 和 *ERK* 等；同时，有 13 个基因下调，如 *TRAF6* 等。而在 YT＿D vs YT＿X 信号通路中，上调基因数量为 5 个，下调基因数量则达到 17 个。

Toll 信号通路在生物体免疫防御过程中起着至关重要的作用。特定病原微生物可以通过 Toll 样受体（TLRs）进行识别。一旦病原体被识别，信号转导过程就会启动。例如，My D88 信号途径就是 TLRs 信号转导的关键路径之一。

My D88 接头蛋白在信号转导过程中发挥着桥梁作用，它能够募集下游的 IRAK 蛋白家族、TRAF6 和 TAK1 等分子。这些分子通过分子间的复杂相互作用，诱导促炎细胞因子的表达。这一系列生物化学反应有助于触发炎症反应，从而激活免疫系统，应对病原微生物的入侵。

此外，Toll 信号通路还涉及多个环节，包括信号分子的磷酸化、核转录因子的激活以及炎症因子的表达。这些环节共同构成了一个精细调控的免疫应答网络，确保生物体能够对病原微生物产生有效的抵抗。在实际应用中，研究人员可以通过研究 Toll 信号通路的相关基因和分子，寻找干预病原微生物感染的新靶点，为治疗相关疾病提供新的策略。

总之，Toll 信号通路在生物体的免疫防御中具有重要作用。通过分析 ZZ＿D vs ZZ＿X 和 YT＿D vs YT＿X 的 Toll 信号通路，可以更深入地了解病原微生物如何被识别和应对，为研究免疫调控机制提供有力支持。同时，这也有助于发掘新的治疗靶点，为相关疾病的治疗提供新的方向。

（4）KEGG 分析差异表达基因　深入挖掘四个季节的实验组与对照组在显著性表达中的差异，揭示其富集的信号通路，进行 KEGG 分析。在 6 个对比组研究中，笔者发现了 MAPK 信号通路、TGF-beta 信号通路、两组分系统、JAK-STAT 信号通路、Fox O 信号通路、NF-κB 信号通路以及 Toll 样受体信号通路等与香螺免疫功能密切相关。这些信号通路在香螺的生长发育、生理代谢、免疫防御等方面起着至关重要的作用。

通过对这些信号通路的研究，可以更好地了解香螺在不同季节中的生理生态特性，为养殖产业提供科学依据。同时，对这些信号通路的研究也有助于挖掘香螺免疫相关基因，为香螺疾病的防治提供新的思路。此外，还可以探索香螺与其他生物之间的相互作用，揭示其在生态系统中的地位与作用。

（5）实时荧光定量 RT-PCR 验证分析　为了验证香螺转录组数据的准确性，选取了 11 个与免疫相关的差异表达基因进行定量实时荧光聚合酶链反应（qRT-PCR）分析。这些基因在转录组分析中的差异表达情况引起了笔者的关注，因此通过 qRT-PCR 进一步验证这些基因在香螺免疫反应中的作用。

在进行 qRT-PCR 分析后，将实验结果与转录组分析结果进行了比较。结果显示（图 6－6），相对表达量上调的有 5 个基因，分别为 *IRF*5、*GSTK*1、*CRT*、*TLR*8、*CAAP*1；而相对表达量下调的有 6 个基因，分别为 *HSP*90、*HSP*70、*TLR*3、*TLR*13、*MAPK*、*Ptp*2。这些结果与 RNA-Seq 表达谱中的趋势相似，表明转录组分析的结果是可靠的，这进一步证实了香螺在免疫应答过程中这些差异表达基因的作用和调控机制。

值得注意的是，*IRF*5、*GSTK*1、*CRT*、*TLR*8、*CAAP*1 这 5 个基因在免疫反应中具有重要的功能。IRF5 是一种转录因子，能够调节免疫相关基因的表达；GSTK1 是谷胱甘肽 S-转移酶，参与细胞解毒过程；CRT 是钙离子结合蛋白，参与细胞内钙离子的调控；TLR8 是 Toll 样受体，能够识别病原体相关分子模式，激活免疫应答；CAAP1 是一种细胞质蛋白，参与细胞内信号转导。

另外，*HSP*90、*HSP*70、*TLR*3、*TLR*13、*MAPK*、*Ptp*2 这 6 个相对表达量下调的基因也具有重要的免疫调控作用。HSP90 和 HSP70 是热休克蛋白，能够保护细胞免受应激损伤；TLR3 和 TLR13 是 Toll 样受体，参与抗病毒免疫应答；MAPK 是丝裂原活化蛋白激酶，能够传递细胞内信号，调控细胞生长和分化；Ptp2 是一种磷酸酶，参与信号通路的调控。

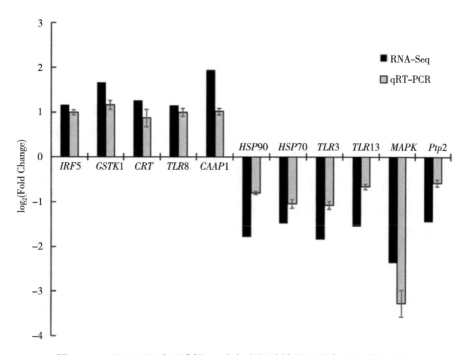

图 6-6　qRT-PCR 验证香螺 11 个免疫相关转录组测序基因表达水平

6.3.4　基于香螺转录组技术的本地适应性遗传机制推测

该研究对香螺在烟台及獐子岛冬季和夏季条件下的基因表达进行了深入分析。研究发现，香螺在冬季鳃的基因表达数量相较夏季更高，其中 ZZ_D vs ZZ_X 和 YT_D vs YT_X 的差异表达基因数量分别达到 10 043 个和 20 909 个。差异表达基因包括上调基因和下调基因，分别为 5 461 个和 4 582 个，以及 9 503 个和 11 406 个。这些结果表明，低温可能对细胞的代谢与应答产生抑制作用，减少了对香螺体内的潜在伤害。

早期研究已证实，在逆境胁迫下，机体的酶和结构蛋白会发生结构和功能的变化。为抵御逆境，机体抑制热休克蛋白（HSP）的合成。该研究分析了香螺在烟台样品中冬季和夏季表达的差异，发现冬季下调基因数显著高于上调基因数；而在细胞成分和分子功能中，上调、下调的基因数量差异不大。这提示香螺在高温胁迫下，新陈代谢和能量消耗增强，差异基因可能通过代谢通路应答高温胁迫。

进一步研究发现，高温条件下，香螺鳃组织中 *HSP70* 和 *HSP90* 基因表达量显著增加。这些基因在环境应激、免疫应答和细胞凋亡调控中发挥关键作用，与先前报道的太平洋牡蛎、菲律宾蛤仔等结果一致。同时，*TLR* 和 *TNF* 等基因在贝类免疫系统中发挥重要作用。这些基因的差异表达说明一定程度的温度压力可能增强了香螺的免疫防御机能。

此外，ZZ＿D vs ZZ＿X 和 YT＿D vs YT＿X 组中包含 *TOLLIP*、*P13K* 和 *ERK* 等关键上调基因，表明香螺 Toll 样受体信号通路在环境胁迫下发挥着重要作用。低温条件下，PI3K-Akt 信号传导途径中 *PI3K* 和 *AMPK* 表达显著上调。然而，一些先前研究在热应激或缺氧时发现了相反的趋势，这暗示了低温可能导致香螺内免疫系统紊乱，最终导致患病率上升。

综上所述，该研究为香螺在不同季节条件下基因表达提供了深刻理解，特别是免疫和应激相关的基因。这些信息有助于提高对香螺免疫过程和应激反应的认识，为香螺的健康养殖提供了有益的参考。此外，研究结果还揭示了香螺在冬季和夏季适应性遗传机制的差异，为进一步探究香螺的本地适应性提供了理论基础。在未来研究中，可以进一步探讨香螺在其他地域和季节的适应性机制，以期为香螺的养殖和保护提供更多科学依据。

7　香螺遗传育种

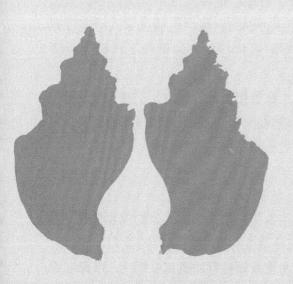

香螺遗传育种是指通过有目的的交配和选择，利用遗传变异的原理，改良香螺的性状，提高其适应环境和抵抗病害的能力，从而实现香螺资源可持续利用的过程。香螺遗传育种的目标包括提高生长速度、增加产量、改善肉质和提高抗病能力等。目前为止，香螺遗传育种的研究成果较少，尤其是通过遗传育种选育出来的具有优良性状的香螺新品种还未见报道。本章通过介绍遗传育种的原理，给出香螺遗传育种的方法，并结合已有的香螺遗传学研究基础，对香螺的遗传育种进行展望，提出建议和想法。

7.1　遗传育种的基本原理

7.1.1　遗传规律

（1）基因控制香螺的遗传特征　香螺的遗传特征由基因决定，基因型和环境之间的相互作用最终塑造了香螺的表现型。通过深入研究香螺的遗传规律，可以更好地理解香螺的遗传特性，为育种工作提供重要参考。

（2）遗传规律在育种中的应用　在香螺育种过程中，了解和掌握遗传规律有助于选育出具有优良性状的香螺品种。通过对遗传规律的研究，可以更有针对性地进行选育工作，筛选香螺品种的优良性状。

7.1.2　遗传多样性

（1）遗传多样性是香螺适应环境变化和抵抗病害能力的重要基础　香螺种群的遗传多样性越高，其适应环境变化和抵抗病害的能力越强。因此，在遗传育种过程中，需要充分考虑香螺种群的遗传多样性，以保证香螺品种的稳定和可持续发展。

（2）避免近亲交配导致的遗传劣化　近亲交配会降低香螺种群的遗传多样性，导致遗传劣化。为了保证香螺品种的优良性状，在育种过程中应当尽量避免近亲交配，定期引入外部遗传资源，提高香螺种群的遗传多样性。

7.2 香螺遗传育种方法

7.2.1 人工选择

利用香螺的遗传多样性，根据香螺的表现型或分子标记，选择具有优良性状的个体或群体进行繁殖或杂交，培育出新的品种或品系。人工选择是最常用的遗传育种方法，也是最简单和最直接的方法，但需要较长时间和较大规模，且容易造成遗传多样性的损失。人工选择的优点是可以根据目标性状进行定向选择，改善香螺的生长速度、产量、肉质、抗病力等性状，也可以保持香螺的种内亲缘关系，避免引入外源基因；缺点是需要大量的选育材料和选育场地，耗费较多的人力和物力，且容易导致香螺的遗传基础变窄，降低香螺的适应性和遗传潜力。

近年来，遗传育种研究在多个领域取得了显著的进展，尤其在海洋生物领域，其研究成果对于海洋资源的可持续利用和海洋生物多样性的保护具有重要意义。其中，与香螺同属蛾螺科的近亲物种——东风螺，在遗传育种研究方面取得了令人瞩目的成果，为香螺的遗传育种提供了重要的研究依据和借鉴方法。

在东风螺的遗传育种研究中，Lü 等（2020）采用了巢氏平衡设计法，通过 27 只雄性和 81 只雌性方斑东风螺建立了 27 个父本半同胞家系和 81 个全同胞家系。这种设计法能够有效地控制遗传背景，使得研究结果更加准确可靠。通过同胞分析，他们估算了方斑东风螺主要生长性状的狭义遗传力，结果显示其生长相关的遗传力值处于中上水平，验证了群体选育的有效性。这一发现为东风螺的选育提供了有力的理论支持，为优化其遗传性状奠定了基础。

除了对遗传力的研究，Lü 等（2020）还采用相关分析方法研究了方斑东风螺主要生长性状间的遗传相关性。结果表明，除螺旋部长外，壳长、壳宽等其他生长性状均显著相关（$P<0.05$）。这表明，这些性状在遗传上存在一定的关联性，为后续的遗传育种工作提供了有益的参考。

此外，他们还采用通径分析方法研究了壳型性状对体重的影响效应。结果表明壳长对体重的直接效应最大，而螺旋部长对体重的间接效应最大。这一发现揭示了壳型性状与体重之间的复杂关系，为东风螺选育过程中的指标选择提供了科学依据。在实际选育工作中，可以通过直接测量壳长指标，结合螺旋部长为辅助指标，从而取得更好的选育效果（吕文刚，2016）。

在深入研究的基础上，研究者针对方斑东风螺的泰国群体和中国海南群体，以壳长和体重为选育目标，进行了连续 4 代的精心选育工作优化这一珍贵海产品的种质特性，最终实现更快速的生长和更高的产量。

经过多年的精心培育与持续观察，2018 年，泰国选育系凭借其优良的速生特性，成功申报并获得了国家的审定，荣获"海泰 1 号"新品种证书（GS-01-008-2018）。"海泰 1 号"方斑东风螺的贝壳呈现出长卵圆形的优雅形态，壳质稍显轻薄，螺层约有九层。壳面覆盖着黄褐色的壳皮，壳皮上散布着微黄色、不规则的长方形或条形棕褐色或红褐色的美丽斑块，使得这种螺类在海洋生物中独具一格。

在相同养殖条件下，"海泰 1 号"方斑东风螺的生长速度优势明显。与未经选育的普通方斑东风螺相比，仅 6 个月大的"海泰 1 号"的壳长平均提高了 18.7%，体重更是平均提升了 32.1%。这一显著优势不仅缩短了养殖周期，还大大提高了单位面积的产量，为养殖者带来了更高的经济效益。

"海泰 1 号"已经在海南省、广东省、福建省等多个地区得到了广泛的推广和应用，其出色的生长性能和稳定的遗传特性，不仅推动了东风螺养殖产业的稳定发展，还为海洋渔业的可持续发展注入了新的活力。

7.2.2　杂交育种

利用香螺的杂种优势，将不同的个体或群体进行杂交，产生具有优于亲本性状的后代，培育出新的品种或品系。杂交是一种有效的遗传育种方法，可以提高香螺的生产性能和适应性，也可以增加香螺的遗传多样性，但需要控制杂交的亲本和后代的质量和数量，否则容易造成杂种退化。杂交的优点是可以利用不同个体或群体之间的遗传差异，产生杂种优势，提高香螺的生长速度、产量、抗病力等性状，也可以创造新的遗传变异，增加香螺的遗传基础；缺点是需要精确的亲本鉴定和杂交配对，耗费较多的技术和设备，且容易导致杂种的不稳定和不育，降低香螺的繁殖力。

在海洋经济螺类育种领域，方斑东风螺的杂交育种研究取得了令人瞩目的成果。特别是 2010 年，Lü 等（2016）的研究团队首次将泰国罗勇方斑东风螺群体引进，并通过完全双列杂交的方法，与海南翁田群体进行了群体间的远缘杂交。这一实践不仅丰富了方斑东风螺的遗传资源，还为养殖业的可持续发展提供了新的可能。

实验过程中，研究团队设计了不同组合的杂交方案，包括泰国罗勇群体的雌性与海南翁田群体的雄性杂交，以及海南翁田群体的雌性与泰国罗勇群体的雄性杂交。通过这种方式，研究团队深入探讨了幼体发育阶段的孵化时间、变态率和变态时间等关键指标。

研究结果显示，泰国罗勇群体的雌性与海南群体的雄性杂交组合在幼体发育阶段表现出显著的超亲优势。这一组合的孵化时间、变态率和变态时间的超亲优势率分别为 15.9%、8.7% 和 20.53%。这一成果充分证明了远缘杂交在提升方斑东风螺幼体发育性能方面的巨大潜力。

在养殖过程中，泰国群体的雌性与海南群体的雄性杂交组合同样表现出显著的生长优势。杂种优势率在壳长方面达到了 20.71%，而在体重方面更是高达 42.94%。此外，这一组合的存活率也相对较高，杂种优势率为 37.86%。这些优势不仅提升了方斑东风螺的养殖效益，还为养殖业的可持续发展提供了有力支持。

相比之下，海南群体的雌性与泰国罗勇群体的雄性杂交组合在整个养殖周期内表现出更为显著的存活优势。其死亡率显著低于其他组合，这一特点使得该组合在养殖实践中具有更高的应用价值。

7.2.3　DNA 分子标记开发和利用

分子标记在动植物的遗传学分析和育种研究中扮演重要角色。微卫星标记是一种共显性标记，被广泛用于物种遗传多样性检测、群体遗传结构分析、亲子鉴定、种质资源评价与保护以及遗传连锁图谱构建等方面，在贝类育种中是最常用的标记之一。这项技术具有一系列优点，包括高度特异性、高效性、不依赖表型信息、高精准度以及可在多个物种中通用等。然而，DNA 分子标记技术也存在一些缺点，如高成本、操作复杂性、有限的基因覆盖、受环境和遗传背景影响以及伦理和法规问题。

同样，该技术在东风螺遗传育种中也有了应用和发展。Chen 等（2009）利用生物素-磁珠吸附微卫星富集法构建了方斑东风螺和泥东风螺的微卫星文库。在方斑东风螺中，磁珠富集的微卫星序列片段大小主要集中在 200～1 000bp 范围内。通过对 88 个这些片段的阳性克隆进行测序，发现 67 个含有微卫星序列。针对这些序列设计了 16 对引物，其中 9 对引物能够扩增出清晰稳定的条带。在泥东风螺中，随机挑选了 100 个 200～1 000bp 目的片段的阳性克隆进行测序，发现 80 个含有微卫星序列。针对这些序列设计了 15 对引物，其中 9 对引物能够扩增出清晰稳定的条带。

利用新开发的 9 对微卫星标记，对中国沿岸方斑东风螺和泥东风螺的遗传多样性及遗传结构进行研究。方斑东风螺的海南临高、广东湛江、广西北海和福建诏安四个野生群体的平均等位基因数目范围为 10.8～13.6，表现出较高的遗传多样性。与扩增片段长度多态性（AFLP）标记分析的结果相一致（Chen 等，2010），四个群体间存在显著的遗传分化（$P<0.05$）。泥东风螺的海南临高、广东湛江、广东汕尾和福建诏安四个野生群体的平均等位基因数目范围为 21.63～28.38，四个群体间遗传分化显著（$P<0.05$），群体间的遗传变异达到 23%。结果显示，我国沿海野生东风螺的遗传多样性较高，地理距离是造成遗传分化和遗传变异的主要因素。

此外，采用 10 对微卫星引物，包括新开发的引物，对方斑东风螺的泰国和海南两个选育系的连续多代群体进行了遗传多样性和遗传变异分析。研究发现，泰国野生群体与海南野生群体存在显著的遗传分化。通过连续 3 代的生长选择育种，两个选育系的遗传多样性均呈明显下降，最终海南选育系的遗传结构有向泰国选育系靠近的趋势（Fu 等，2017）。

7.3　香螺遗传育种研究

7.3.1　香螺形态学研究

形态学分析方法作为传统物种鉴定方法，通过将生物的表型特征转化为数值进行描述，能够有效区分物种之间的差异（Frédérich 等，2012）。

而形态学的差异诸如体长、体宽和体重等表型指标通常为群体结构划分和鉴定提供了参照（Cadrin，2000）。形态学分析方法更加方便、直观，至今仍在大部分的水生生物中广泛应用，并与食性、行为和环境等因素密切相关。

形态学分析的主要方法包括主成分分析、判别分析、聚类分析、通径分析以及单因素分析。主成分分析是一种转换手段，通过较少的主要变量来揭示多个复杂变量的方法，在水产动物的形态学分析研究中得到了广泛应用。由于地理环境阻隔，同一物种在不同地理位置分布，受气候、环境及自然选择等因素影响，产生了形态差异。因此，判别分析和聚类分析可根据同一物种不同地理群体间的共性，运用统计学方法进行分类。

判别分析方法是通过获取判别公式和判别系数，对不同群体进行归纳鉴定的方法。聚类分析则是依据群体相似性进行归类，通过计算不同参数，选取群体变量的平均值来反映群体相似性。通径分析适用于处理自变量较多且复杂的问题，通常采用多元回归分析方法进行。作为水产育种重要指标的体重，与不同形态性状的关系通常通过通径分析方法进行研究。

通过单因素分析方法可以获得不同群体性状的差异系数（CV），通常判断同一物种的不同群体间的差异是否达到了亚种水平，可以通过计算差异系数是否超过 1.28 来判断。形态学分析方法目前主要用于水生生物不同地理群体的比较分析。形态学分析方法虽然在实行过程中直观、便捷，但在分析过程中可能由于主观因素以及分析方法的不同从而导致结果的差异。例如，对同一物种形态指标的选取不同或者形态指标选取数目的不同，以及所取物种的环境不同等因素均会引起后续分析计算中产生误差。因此，在形态学分析的基础上需要借助遗传学的手段进行综合分析。

张旦旦（2022）对烟台市八角港（YT）、威海（WH）、蓬莱市长岛县（PL）、大连市旅顺老铁山（LS）、大连市黑石礁付家庄（HS）及大连市獐子岛（ZZ）6 个群体的样本进行了采集（表 7-1）。分别采用主成分分析、聚类分析、判别分析和单因素分析对香螺样本进行形态学分析。具体研究内容如下：

表 7 - 1　香螺形态学分析样品采集信息

采集地点	样品缩写	数量（个）	平均壳高（mm）	采集时间	经度（E）	纬度（N）
山东烟台	YT	30	97.28	2021 年 3 月 30 日	121.15°	37.641°
山东威海	WH	30	73.17	2021 年 4 月 12 日	122.12°	37.502°
山东蓬莱	PL	30	88.17	2021 年 4 月 8 日	120.75°	37.81°
辽宁旅顺	LS	30	98.45	2021 年 4 月 8 日	121.19°	38.803°
辽宁黑石礁	HS	30	88.20	2021 年 4 月 8 日	121.62°	38.871°
辽宁獐子岛	ZZ	30	98.63	2021 年 4 月 12 日	121.66°	39.054°

（1）香螺形态学主成分分析　在传统形态学测量方法的基础上，运用游标卡尺对壳高、螺旋部高、体螺层高、壳口宽、厣宽和厣高进行精确至 0.01mm 的测量（图 7 - 1）；同时，利用数码相机对香螺的壳顶端、壳底端、壳口及壳体进行了图像采集（图 7 - 2）。HS 群体、LS 群体、YT 群体和 ZZ 群体的壳纹清晰，既有横向，又有纵向。HS 群体与 ZZ 群体的体螺层和螺旋部在螺壳纹形态上存在差异，横纹体螺层和螺旋部相较于纵纹较小且窄。值得注意的是，同一群体的香螺具有丰富多彩的壳色。

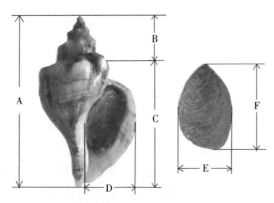

图 7 - 1　香螺测量标准
A. 壳高　B. 螺旋部高　C. 体螺层高　D. 壳口宽　E. 厣宽　F. 厣高

大连黑石礁群体：

大连旅顺群体：

山东蓬莱群体：

山东威海群体：

山东烟台群体：

大连獐子岛群体：

图 7-2　6 个群体香螺壳外部形态特征

　　研究人员研究了六个不同香螺群体的形态特征差异。首先对其壳高、螺旋部高、体螺层高、壳口宽、厣宽和厣高进行了测量。通过运用 SPSS 21.0 软件，对这 6 个群体的形态学数据进行了主成分分析、聚类分析和判别分析，并生成相应的散点图。在此基础上，研究人员利用该软件构建了区分香螺 6 个群体形态差异的判别式，并计算出判别的准确率和综合判别率。

　　香螺的 11 个标准化量度特征包括螺旋部高/壳高（A）、体螺层高/壳高（B）、壳口宽/壳高（C）、厣宽/壳高（D）、厣高/壳高（E）、螺旋部高/体螺层高（F）、壳口宽/体螺层高（G）、厣宽/体螺层高（H）、厣宽/壳口宽（I）、厣高/壳口宽（J）和厣宽/厣高（K），对这 11 个特征进行主成分分析（表 7-2、表 7-3），结果表明，6 个群体的累积贡献率达到了 94.210%，其中第一主成分的贡献率为 56.839%，第二主成分的贡献率为 82.310%。在第一主成分中，螺旋部高/体螺层高、厣高/壳口宽和厣宽/体螺层高的形态指标贡献较大，其负荷值分别为 0.244、0.236、0.229。第二和第三主成分则主要由螺旋部高/壳高和体螺层高/壳高决定。在贡献率最大的第一、第二主成分中，螺旋部高和壳口宽的贡献度最大。

表 7-2　香螺群体主成分分析

项目	主成分 1	主成分 2	主成分 3
特征值	6.252	2.802	1.309
累积贡献率（%）	56.839	82.310	94.210

表 7-3　香螺 11 个可量性状主成分分析的因子负荷值

标准化量度特征	主成分 1	主成分 2	主成分 3
A 螺旋部高/壳高	−0.070	0.309	−0.138
B 体螺层高/壳高	0.070	−0.309	0.605
C 壳口宽/壳高	0.215	−0.120	0.165
D 厣宽/壳高	−0.072	0.310	0.267
E 厣高/壳高	0.098	0.098	−0.169
F 螺旋部高/体螺层高	0.244	−0.032	−0.042
G 壳口宽/体螺层高	−0.012	−0.137	0.138

（续）

标准化量度特征	主成分 1	主成分 2	主成分 3
H 厣宽/体螺层高	0.229	−0.083	0.262
I 厣宽/壳口宽	−0.057	0.131	−0.140
J 厣高/壳口宽	0.236	−0.042	0.091
K 厣宽/厣高	0.189	−0.015	−0.133

（2）香螺生态学聚类分析　聚类分析能够在总体层面直观地揭示不同群体之间的形态差异。张旦旦（2022）研究发现，聚类关系可分为两大分支：威海群体独立为一支，其余 5 个群体则聚为另一支（图 7-3），这一结果与主成分分析散点图的结论一致。这表明威海群体与其他 5 个群体在形态上存在较大差异。这种差异可能与纬度、水温或营养物质等环境因素有关。值得注意的是，威海群体的个体较小，壳高等形态特征的变化因素较大，这些因素的相互作用共同导致了群体体型差异。

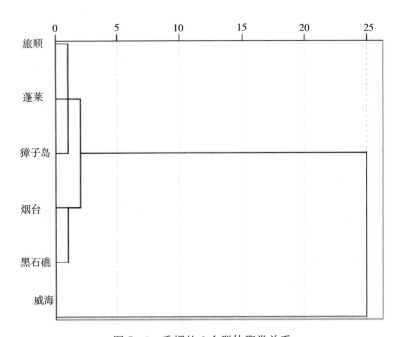

图 7-3　香螺的 6 个群体聚类关系

（3）香螺形态学单因素方差分析　张旦旦（2022）对香螺的 6 个群体的 11 个标准化性状指标进行单因子方差分析。结果表明，各地理群体间均存在不同数目的指标差异：獐子岛和威海、烟台和威海、黑石礁和威海、旅顺和威海、蓬莱和威海、黑石礁和旅顺及黑石礁和旅顺之间均有 8 个显著性指标；烟台和旅顺间有 6 个显著性指标；獐子岛和烟台及獐子岛和黑石礁间有 4 个显著性指标；獐子岛和蓬莱及烟台和黑石礁间均有 3 个显著性指标；獐子岛和旅顺间有 2 个显著性指标；烟台和蓬莱及旅顺和蓬莱间均有 1 个显著性差异（表 7 - 4）。进一步分别计算两两群体的差异系数（C. D）值，结果显示，有两组结果大于 1.28，这两组数值均存在于大连黑石礁和威海之间（表 7 - 5），当差异系数大于 1.28 时，表明两群体间的差异达到了亚种以上的水平。

表 7 - 4　香螺各群体单因子方差分析结果（平均值±标准误差，$P<0.05$）

变量	獐子岛	烟台	黑石礁	威海	旅顺	蓬莱
A	0.315+0.062[dc]	0.319+0.058[c]	0.286+0.022[d]	0.453+0.095[a]	0.353+0.049[b]	0.339+0.048[bc]
B	0.684+0.062[ab]	0.681+0.058[b]	0.713+0.022[a]	0.546+0.095[d]	0.646+0.049[c]	0.660+0.048[bc]
C	0.304+0.029[b]	0.275+0.022[cd]	0.264+0.022[d]	0.326+0.056[a]	0.293+0.030[b]	0.287+0.019[c]
D	0.210+0.020[b]	0.179+0.022[d]	0.180+0.017[d]	0.228+0.041[a]	0.197+0.020[bc]	0.192+0.016[cd]
E	0.383+0.037[b]	0.334+0.058[c]	0.331+0.032[c]	0.430+0.077[a]	0.371+0.030[b]	0.365+0.048[b]
F	0.471+0.130[bc]	0.480+0.126[bc]	0.402+0.046[c]	0.891+0.367[a]	0.556+0.120[b]	0.523+0.117[b]
G	0.445+0.053[b]	0.408+0.055[b]	0.370+0.035[c]	0.630+0.213[a]	0.458+0.057[b]	0.438+0.049[b]
H	0.307+0.036[b]	0.265+0.037[cd]	0.252+0.024[d]	0.440+0.153[a]	0.309+0.036[b]	0.292+0.040[bc]
I	0.691+0.049[ab]	0.655+0.088[b]	0.686+0.072[ab]	0.698+0.052[ab]	0.681+0.075[a]	0.666+0.058[ab]
J	1.260+0.090[ab]	1.219+0.219[a]	1.261+0.141[ab]	1.319+0.107[a]	1.272+0.130[ab]	1.270+0.167[ab]
K	1.823+0.082[b]	1.862+0.229[ab]	1.837+0.083[ab]	1.890+0.084[ab]	1.870+0.107[ab]	1.899+0.1308[a]

注：A～K 的含义参见表 7 - 3；相同字母表示差异不显著，不同字母表示差异显著。

表 7 - 5　香螺两两群体形态特征的差异系数（C. D 值）

变量	ZZ/YT	ZZ/HS	ZZ/WH	ZZ/LS	ZZ/PL	YT/HS	YT/WH	YT/LS	YT/PL	HS/WH	HS/LS	HS/PL	WH/LS	WH/PL	LS/PL
A	0.030	0.337	0.881	0.340	0.220	0.398	0.878	0.317	0.193	1.416	0.920	0.739	0.694	0.791	0.138
B	0.030	0.337	0.881	0.340	0.220	0.398	0.878	0.317	0.193	1.416	0.920	0.739	0.694	0.791	0.138
C	0.548	0.769	0.261	0.177	0.345	0.252	0.647	0.340	0.272	0.793	0.557	0.542	0.382	0.518	0.127
D	0.716	0.798	0.290	0.304	0.488	0.024	0.757	0.434	0.329	0.814	0.474	0.356	0.489	0.618	0.155
E	0.509	0.738	0.407	0.167	0.208	0.032	0.702	0.422	0.286	0.891	0.642	0.412	0.539	0.512	0.084

（续）

变量	ZZ/YT	ZZ/HS	ZZ/WH	ZZ/LS	ZZ/PL	YT/HS	YT/WH	YT/LS	YT/PL	HS/WH	HS/LS	HS/PL	WH/LS	WH/PL	LS/PL
F	0.034	0.394	0.841	0.335	0.207	0.454	0.830	0.304	0.173	1.181	0.921	0.739	0.685	0.759	0.138
G	0.334	0.840	0.694	0.113	0.067	0.419	0.826	0.434	0.282	1.047	0.939	0.802	0.637	0.733	0.183
H	0.570	0.901	0.698	0.027	0.200	0.211	0.917	0.601	0.345	1.056	0.942	0.614	0.689	0.765	0.228
I	0.260	0.041	0.062	0.083	0.238	0.191	0.299	0.155	0.069	0.090	0.036	0.157	0.130	0.288	0.114
J	0.134	0.001	0.298	0.051	0.037	0.116	0.308	0.151	0.132	0.235	0.040	0.030	0.200	0.179	0.005
K	0.125	0.088	0.402	0.246	0.356	0.078	0.089	0.022	0.101	0.313	0.169	0.287	0.105	0.040	0.121

注：A～K 的含义参见表 8-3。

（4）香螺形态性状与质量性状的相关性及通径分析　采用相关性分析、通径分析和多元回归分析等方法，探讨了香螺形态性状与其体重、软体部重的关系，筛选了影响香螺质量性状的主要形态性状，建立了形态性状对质量性状的最优多元回归方程，以期为香螺人工繁育、增养殖和遗传育种等研究提供科学参考。

在该研究中，实验材料为采自辽宁省大连市旅顺海域的香螺个体。这些香螺个体在采集后进行一周的暂养，暂养条件为室内水池环境，海水温度保持在（12.8±0.03）℃，并保证溶解氧含量充足。暂养期间，每两天进行一次贻贝投喂，采用循环水养殖方式。实验开始随机选择了 100 个健康、活力良好的香螺个体。使用游标卡尺（精度为 0.01mm）对形态性状进行测量，包括壳高 X_1、壳宽 X_2、壳口高 X_3、壳口宽 X_4、体螺层高 X_5、体螺层宽 X_6。使用电子天平（精度为 0.01g）对体重 M_1（带壳湿重）和软体部重 M_2（软体部鲜重）进行测量，测量前使用纸巾擦干多余水分和清除杂质。

采用 EXCEL 软件对香螺的形态性状与质量性状数据进行初步统计分析，获得了各性状的平均值、标准差及变异系数等描述性统计结果。随后，利用 SPSS 27.0 软件对各性状数据进行通径分析和回归分析，并通过逐步回归法构建了形态性状与质量性状相关的多元回归方程。在显著性水平设定为 $P<0.05$，极显著水平设定为 $P<0.01$ 的前提下，运用相关系数和通径系数计算各形态性状对质量性状的直接决定系数（d_i）和间接决定系数（d_{ij}），以评估各形态性状对体重和软体部重的直接及间接影响。

其中，变异系数的计算公式为 $CV = $（标准差/平均值）$\times 100\%$，而单一自变量对因变量的直接决定系数和两个自变量对因变量的间接决定系数的计算公式分别为 $d_i = P_i^2$ 和 $d_{ij} = 2r_{ij} \cdot P_i \cdot P_j$，其中 r_{ij} 为两个自变量间的相关系数，而 P_i 和 P_j 分别为两个自变量对因变量的通径系数。

①香螺各性状参数分析　香螺壳高 X_1、壳宽 X_2、壳口高 X_3、壳口宽 X_4、体螺层高 X_5、体螺层宽 X_6、体重 M_1 和软体部重 M_2 等 8 个性状的描述性统计结果见表 7-6。由于不同性状单位不同，形态性状和质量性状之间不能直接进行比较，所以需要通过变异系数进行比较。在香螺的形态性状中，壳口高 X_3 的变异系数最大，为 11.56%；壳高 X_1 的变异系数最小，为 8.76%。质量性状中，体重 M_1 和软体部重 M_2 的变异系数分别是 25.82% 和 25.74%，均高于其他形态性状的变异系数。在 8 个性状中，壳口宽 X_4 的标准差最小，为 3.38，表示香螺个体间壳口宽的差异最小；而体重 M_1 的标准差最大，为 22.78，并且 2 个质量性状的标准差均大于 6 个形态性状。

表 7-6　香螺各性状的描述性统计（$n=100$）

性状	代码	平均值	标准差	变异系数（%）
壳高（mm）	X_1	92.66	8.11	8.76
壳宽（mm）	X_2	56.66	6.25	11.04
壳口高（mm）	X_3	61.79	7.14	11.56
壳口宽（mm）	X_4	31.13	3.38	10.84
体螺层高（mm）	X_5	35.12	3.78	10.75
体螺层宽（mm）	X_6	41.67	3.87	9.28
体重（g）	M_1	88.23	22.78	25.82
软体部重（g）	M_2	35.77	9.21	25.74

②香螺各性状间的相关性分析　由表 7-7 可知，香螺 8 个性状间表型相关均达到了极显著水平（$P < 0.01$）。根据相关强度，形态性状 X_1、X_2、X_3、X_4、X_6 与质量性状 M_1、M_2 均高度相关（相关系数 $\geqslant 0.7$），其中体螺层高 X_6 与质量性状 M_1、M_2 的相关系数最高，分别为 0.919 和 0.860；X_5 与 M_1、M_2 均中度相关（$0.4 <$ 相关系数 < 0.7），且与 M_1、M_2 的相关系数最小，分别为 0.653 和 0.585。6 个形态性状中，X_1

和 X_2 的相关系数最大（0.866），X_3 和 X_5 的相关系数最小（0.484）。形态性状与体重 M_1 之间相关系数的从大到小依次为：体螺层宽 X_6＞壳高 X_1＞壳宽 X_2＞壳口宽 X_4＞壳口高 X_3＞体螺层高 X_5；形态性状与软体部重 M_2 间的相关系数从大到小依次为：体螺层宽 X_6＞壳高 X_1＞壳口宽 X_4＞壳宽 X_2＞壳口高 X_3＞体螺层高 X_5。

表 7-7　香螺性状间的相关系数

性状	X_1	X_2	X_3	X_4	X_5	X_6	M_1	M_2
X_1	1.000	0.866**	0.669**	0.775**	0.727**	0.830**	0.840**	0.779**
X_2		1.000	0.604**	0.740**	0.515**	0.806**	0.822**	0.742**
X_3			1.000	0.587**	0.484**	0.658**	0.715**	0.709**
X_4				1.000	0.638**	0.831**	0.799**	0.778**
X_5					1.000	0.686**	0.653**	0.585**
X_6						1.000	0.919**	0.860**
M_1							1.000	0.911**
M_2								1.000

注：**表示极显著相关（$P < 0.01$）；X_1 代表壳高，X_2 代表壳宽，X_3 代表壳口高，X_4 代表壳口宽，X_5 代表体螺层高，X_6 代表体螺层宽，M_1 代表体重，M_2 代表软体部重。表 7-8、表 7-9 同。

③香螺各形态性状对质量性状的通径分析　根据通径分析原理，计算香螺各形态性状对体重和软体部重的通径系数，经显著性检验，保留通径系数达到显著水平的性状，剔除其余不显著的性状（表 7-8）。其中，体重性状保留了壳宽 X_2、壳口高 X_3、体螺层宽 X_6；软体部重保留了壳口高 X_3、壳口宽 X_4、体螺层宽 X_6。根据相关系数的组成效应，将形态性状与质量性状的相关系数剖分为各性状的直接作用和各性状通过其他性状的间接作用两部分。结果表明，在香螺的 6 个形态性状中，体螺层宽 X_6 对体重和软体部重的直接作用均最大，分别为 0.649 和 0.559；壳宽 X_2 对体重的间接作用最大（0.626），壳口宽 X_4 对软体部重的间接作用最大（0.606），体螺层宽 X_6 对体重和软体部重的间接作用均最小，分别为 0.271 和 0.301。

表 7-8　香螺各形态性状对质量性状的通径分析

质量性状	形态性状	相关系数	直接作用	间接作用				
				X_2	X_3	X_4	X_6	加和
M_1	X_2	0.822**	0.197**	—	0.103		0.523	0.626
	X_3	0.715**	0.170**	0.119	—		0.427	0.546
	X_6	0.919**	0.649**	0.159	0.112		—	0.271
M_2	X_3	0.709**	0.240**		—	0.101	0.368	0.469
	X_4	0.778**	0.172*		0.141	—	0.465	0.606
	X_6	0.860**	0.559**		0.158	0.143	—	0.301

注：—表示无间接作用，空白表示性状间的间接作用无统计意义，* 表示显著相关（$P<0.05$），** 表示极显著相关（$P<0.01$）。

④香螺形态性状与质量性状间的回归分析　利用 SPSS 27.0 软件进行逐步回归分析，自变量选择 $X_1 \sim X_6$ 6 个形态性状，因变量分别为 M_1 和 M_2，得到对因变量影响显著的自变量的回归系数（通径系数）。通径系数达到显著水平（$P<0.05$）的性状被保留，不显著的性状被剔除。在对 M_1 的回归分析过程中保留 X_2、X_3 和 X_6，对 M_2 的回归分析过程中保留 X_3、X_4 和 X_6，最终得到香螺形态性状对 M_1、M_2 的最优回归方程分别为：

$$M_1 = -145.039 + 0.649X_6 + 0.197X_2 + 0.170X_3，\quad R^2 = 0.879$$

$$M_2 = -53.492 + 0.559X_6 + 0.240X_3 + 0.172X_4，\quad R^2 = 0.786$$

其中，R^2 被称为决定系数或判定系数，是反映因变量的全部变异能通过回归关系被自变量解释的比例。

分别对 M_1 和 M_2 的回归方程进行方差分析。M_1 和 M_2 的回归方程中，其回归关系均达到了极显著水平（$P<0.01$）。M_1 的回归方程所保留的形态性状中，X_2、X_3 和 X_6 的通径系数经显著性检验均达到极显著水平（$P<0.01$）；M_2 的回归方程所保留的形态性状中，X_3 和 X_6 的通径系数经显著性检验均达到极显著水平（$P<0.01$），而 X_4 的通径系数达到了显著水平（$P<0.05$）。说明上述方程可以客观地反映香螺形态性状和质量性状的关系。

⑤香螺形态性状对质量性状的决定系数分析　香螺各形态性状间及形态性状对体重性状的决定系数见表 7-9。各形态性状对体重的直接决定

系数与间接决定系数的总和为 0.880，对软体部重的直接决定系数与间接
决定系数总和为 0.785，约等于多元回归方程中的 R^2 值，表明本研究中
选取的 X_2、X_3 和 X_6 3 个形态性状是影响香螺体重的主要性状，X_3、
X_4 和 X_6 是影响香螺软体部重的主要性状。

在影响香螺体重 M_1 的 X_2、X_3 和 X_6 3 个形态性状中（表 7-9），
X_6 对 M_1 的直接决定程度最大，决定系数为 0.421；X_2 对 M_1 的直接决
定程度次之，决定系数为 0.039；X_3 对 M_1 的直接决定程度最低，决定
系数为 0.029；X_2 和 X_6 对 M_1 的共同决定程度最大，决定系数为
0.206；X_2 和 X_3 对 M_1 的共同决定程度最小，决定系数为 0.040。在影
响香螺软体部重 M_2 的 X_3、X_4 和 X_6 3 个形态性状中，X_6 对 M_2 的直
接决定程度最大，决定系数为 0.312；X_3 对 M_2 的直接决定程度次之，
决定系数为 0.058；X_4 对 M_2 的直接决定程度最低，决定系数为 0.030；
X_3 和 X_6 对 M_2 的共同决定程度最大，决定系数为 0.177；X_3 和 X_4 对
M_2 的共同决定程度最小，决定系数为 0.048。

表 7-9　香螺形态性状对质量性状的决定系数

质量性状	形态性状	决定系数			
		X_2	X_3	X_4	X_6
M_1	X_2	*0.039*	0.040	—	0.206
	X_3		*0.029*	—	0.145
	X_6			—	*0.421*
M_2	X_3	—	*0.058*	0.048	0.177
	X_4	—		*0.030*	0.160
	X_6	—			*0.312*

注：斜体数据是单一自变量对因变量的决定系数，其他数据是两个自变量对因变量的共同决定
系数。

7.3.2　遗传多样性研究

香螺的遗传多样性研究是遗传育种的基础。张旦旦等（2021）通过分
析中国黄海、渤海海域 6 个不同地理位置（大连市大连湾 DL、大连市獐
子岛 ZZ、大连市旅顺盐场 LS、烟台市八角港 YT、威海市 WH、蓬莱市
长岛县 PL）香螺群体 $COX\ I$（即 $CO\ I$）和 $CYTB$ 基因的遗传多样性

水平，试图明确中国香螺遗传多样性水平和种质遗传背景，旨在为香螺健康养殖及其资源保护和种质管理提供科学参考（表 7 - 10）。

表 7 - 10 香螺 *COX* Ⅰ 和 *CYTB* 基因序列的碱基组成

群体	基因	碱基含量（%）					
		T	C	A	G	A+T	G+C
大连市大连湾 DL	*COX* Ⅰ	38.7	16.2	27.1	18.0	65.8	34.2
	CYTB	40.1	17.1	28.1	14.6	68.3	31.7
大连市獐子岛 ZZ	*COX* Ⅰ	38.7	16.2	27.1	18.0	65.9	34.2
	CYTB	40.3	17.0	28.1	14.6	68.4	31.6
大连市旅顺盐场 LS	*COX* Ⅰ	38.8	16.2	27.1	18.0	65.9	34.2
	CYTB	40.4	16.8	28.1	14.6	68.5	31.4
烟台市八角港 YT	*COX* Ⅰ	38.8	16.1	27.2	17.9	66.0	34.0
	CYTB	40.3	17.1	28.1	14.6	68.4	31.7
威海市 WH	*COX* Ⅰ	38.5	16.2	27.2	18.1	65.7	34.3
	CYTB	40.8	16.8	27.6	14.8	68.4	31.6
蓬莱市长岛县 PL	*COX* Ⅰ	38.8	16.2	27.2	18.0	65.9	34.1
	CYTB	40.7	17.0	27.6	14.7	68.3	31.7
平均	*COX* Ⅰ	38.7	16.2	27.2	18.0	65.9	34.2
	CYTB	40.4	17.0	28.0	14.6	68.4	31.6

经基因组 DNA 提取、PCR 扩增、序列测定、序列拼接和比对分析，研究获得了香螺线粒体 *COX* Ⅰ 和 *CYTB* 基因，其长度分别为 1 536bp 和 1 140bp。线粒体 *COX* Ⅰ 基因的 T、C、A、G 平均碱基含量分别为 38.7%、16.2%、27.2%、18.0%，线粒体 *CYTB* 基因的 T、C、A、G 平均碱基含量分别为 40.4%、17.0%、28.0%、14.6%。对比发现，6 个不同群体间 *COX* Ⅰ 和 *CYTB* 碱基组成较为接近，且 A + T 碱基含量均大于 G + C。

COX Ⅰ 基因的单倍型系统进化树和单倍型网络图显示，各群体间存在 3 个大分支，分析结果基本相同。在单倍型分布上，不同群体并未出现明显的地理差异。*CYTB* 基因的单倍型系统进化树和单倍型网络图则显示，各群体间存在两个分支，分析结果基本相同，且未发现明显的地域差异。但獐子岛、烟台、威海、蓬莱群体有独有单倍型，说明交叉现象会在

不同群体中出现。

最大优势分支单倍型 COXⅠ-02 和 CYTB-02 位于网络图最中心且占比最高，依据溯祖理论，推测中国黄海、渤海海域的祖先类型可能为单倍型 COXⅠ-02 和 CYTB-02。各群体间在 *COXⅠ* 基因中产生了穿插渗透的现象，未出现明显的群体差异，且单倍型和变异位点较丰富，说明群体间有较高的遗传渗透率和遗传相似度。

在 *CYTB* 基因中，大连市旅顺盐场 LS 群体的单倍型数、多态位点数、平均核苷酸差异数、核苷酸多样性指数、群体间遗传参数和遗传距离等指标均高于其他 5 个群体，说明 LS 群体与其他 5 个群体有较为明显的差异，且遗传背景及遗传多样性方面要优于其他群体。*COXⅠ* 基因中，大连市大连湾 DL 群体在单倍型、变异位点数、遗传距离等几个指标上均大于其他 5 个群体，说明 DL 群体在遗传背景和遗传多样性方面较为丰富，表明物种对环境的适应力与遗传多样性丰富度成正相关。

鱼类种群的遗传距离标准为 0.05～0.30。该研究中 6 个不同海域群体香螺的 *COXⅠ* 基因中，DL 群体和旅顺群体的遗传距离最大，为 0.018；在 *CYTB* 基因中，群体间最大的遗传距离为 0.005，均小于种群的标准，表明 6 个不同海域的香螺未达到亚种分化（表 7‐11）。ANOVA 分析显示，香螺 *COXⅠ* 和 *CYTB* 基因群体内变异都远大于群体间差异，*COXⅠ* 基因差异的主要原因是群体内变异，说明 *COXⅠ* 基因与其地理位置并未有明显的相关性（表 7‐12）。

表 7‐11　6 个不同海域香螺 *COXⅠ* 和 *CYTB* 基因的群体遗传多样性参数

群体	基因	个体数（n）	核苷酸单倍型数（NHap）	多态位点数（S）	平均核苷酸差异数（K）	核苷酸多样性指数（Pi）
大连市大连湾 DL	*COXⅠ*	10	4	132	31.133	0.021 21
	CYTB	10	2	23	10.733	0.009 57
大连市獐子岛 ZZ	*COXⅠ*	10	4	24	4.800	0.003 27
	CYTB	10	5	25	5.000	0.004 54
大连市旅顺盐场 LS	*COXⅠ*	10	2	25	14.286	0.009 66
	CYTB	10	6	26	13.444	0.012 36

（续）

群体	基因	个体数（n）	核苷酸单倍型数（NHap）	多态位点（S）	平均核苷酸差异数（K）	核苷酸多样性指数（Pi）
烟台市八角港 YT	COXⅠ	10	5	10	3.556	0.002 42
	CYTB	10	4	5	1.733	0.001 57
威海市 WH	COXⅠ	10	3	26	9.422	0.006 44
	CYTB	10	3	23	8.356	0.007 94
蓬莱市长岛县 PL	COXⅠ	10	1	0	0	0
	CYTB	10	5	4	1.222	0.001 14

表 7 - 12　6 个不同海域香螺群体间的 COXⅠ和 CYTB 基因平均核苷酸差异数 K（对角线下）及共享变异位点（对角线上）

群体	大连市大连湾 DL		大连市獐子岛县 ZZ		大连市旅顺盐场 LS		烟台市八角港 YT		威海市 WH		蓬莱市长岛县 PL	
	COXⅠ	CYTB	COXⅠ	CYTB	COXⅠ	CYTB	COXⅠ	CYTB	COXⅠ	CYTB	COXⅠ	CYTB
DL			0	22	24	0	0	22	0	22	0	22
ZZ	18.247	7.774			2	22	3	0	3	22	0	44
LS	24.971	11.497	11.147	10.082			2	24	2	22	0	46
YT	18.596	6.716	4.351	3.395	11.592	9.902			3	22	0	26
WH	20.400	9.147	6.953	6.463	12.706	11.088	6.936	5.358			0	44
PL	15.958	6.584	2.826	3.068	9.618	9.018	2.094	1.395	5.600	5.142		

7.3.3　基因组测序

在生物学领域中，基因组测序已经成为探索生物遗传特性的强大工具。我国学者成功完成了香螺的线粒体基因组测序（Hao 等，2016），这一里程碑式的成就为香螺遗传特性的研究奠定了坚实基础。通过深入剖析这一基因组，科学家们得以更加精准地理解香螺的遗传本质，为遗传改良和育种创新开辟了新的道路。

线粒体，作为真核生物细胞内的"动力工厂"，其基因组承载了重要的遗传信息。动物线粒体基因组一般大小为 15～20kb，它们以独特的方式编码了 22 个 tRNA、2 个 rRNA 和 13 个包含细胞色素等亚单位的疏水蛋白。这些遗传物质按照特定的顺序排列，相对分子质量小、结构清晰，使得科学家们能够通过扩增整个线粒体基因组或特定的功能基因片段来深入探究其生物学功能。

值得注意的是，线粒体基因组具有显著的高度保守性。这种保守性不仅在种间差异的研究中发挥着重要作用，也成为探讨物种进化、分化的宝贵线索。特别是在无脊椎动物中，线粒体基因组排列紧密，非编码区相对较少，而基因编码区则占据了主导地位。此外，无脊椎动物线粒体基因组含大量的 AT 碱基对，其结构特点与脊椎动物相比存在明显差异。线粒体的遗传特性同样引人关注。它们遵循母系遗传，这意味着线粒体内的遗传信息主要来自母本。同时，不同物种或同种不同个体间的线粒体基因组存在差异，这种差异为研究者提供了探索遗传多样性的重要视角。

香螺的线粒体基因组总长达到了 15 256bp，其中碱基组成为 30.85%的腺嘌呤（A）、38.59%的胸腺嘧啶（T）、15.15%的胞嘧啶（C）和 15.40%的鸟嘌呤（G）。这种碱基组成比例不仅反映了香螺线粒体 DNA 的遗传特性，也为进一步理解其生物学功能提供了线索。

在香螺的线粒体基因组中，包含了两个 *rRNA* 基因，这些基因在蛋白质合成过程中起着至关重要的作用。此外，还有 13 个蛋白编码基因和 21 个 *tRNA* 基因。这些基因共同构成了香螺线粒体基因组的主体部分，并在线粒体功能中发挥着不可或缺的作用。

值得注意的是，尽管所有线粒体基因都主要编码在重链上，但有 7 个 *tRNA* 基因（*tRNA-Met*、*tRNA-Tyr*、*tRNA-Cys*、*tRNA-Sec*、*tRNA-Gly*、*tRNA-Glu* 和 *tRNA-Thr*）是个例外。这些基因的存在，不仅丰富了香螺线粒体基因组的多样性，也为进一步探索其遗传机制提供了更多的视角。

在系统发育分析方面，香螺的完整线粒体序列与东风螺在系统发育上更为接近。这一发现得到了 87%的 bootstrap 支持率，进一步证实了香螺与东风螺之间的亲缘关系。此外，这一结果也为理解香螺在蛾螺科类群中的地位提供了重要的参考。

7.4 香螺遗传育种研究中存在的问题

香螺作为一种重要的海洋生物资源，在海洋渔业和海洋生物科技领域具有重要地位。近年来，随着遗传育种技术的快速发展，香螺的遗传育种研究也取得了一些重要成果。然而，仍然存在一些问题和挑战，限制了香螺遗传育种研究的深入和发展。

首先，遗传多样性的评估和利用不足是当前面临的重要问题。虽然已有一些研究对香螺的遗传多样性进行了初步探索，但这些研究还不够深入和系统。目前的研究主要局限于部分地理群体和部分分子标记，未能全面揭示香螺的遗传结构和遗传关系。同时，对于香螺遗传多样性的利用也存在不足，未能充分利用其遗传资源进行有效的遗传改良和创新。为了解决这个问题，需要加强对香螺遗传多样性的系统研究，包括更广泛的地理群体和分子标记的筛选，以全面评估香螺的遗传多样性水平。同时，还需要探索和利用香螺的遗传多样性，开展有针对性的遗传改良和创新工作，提高香螺的遗传品质和产量。

其次，遗传育种的目标和方法不明确也是制约香螺遗传育种研究发展的因素之一。目前，香螺的遗传育种目标和方法尚未形成统一的标准和规范。缺乏科学的遗传育种方案和技术路线，使得香螺的遗传育种效率和质量难以提升。此外，对于遗传育种效果的评价和验证也缺乏系统的研究，无法科学评估育种效果，从而影响了香螺品种推广和应用的进程。为了解决这个问题，需要制定明确的香螺遗传育种目标和方法，并建立科学、规范的遗传育种方案和技术路线。同时，还应加强对遗传育种效果的评价和验证，以确保育种效果的科学性和可靠性，推动香螺品种的优化和推广。

最后，遗传育种的理论和技术支撑不足也是制约香螺遗传育种研究发展的瓶颈之一。目前，香螺的遗传育种理论和技术相对落后和单一，缺乏对其基因组、转录组、蛋白质组等组学信息的获取和分析。同时，对于香螺重要性状的基因定位和功能鉴定也缺乏深入研究，无法为遗传育种提供有力的理论和技术支撑。此外，现代生物技术在香螺遗传育种中的应用也相对较少，限制了遗传育种的创新和发展。为了解决这个问题，需要加强香螺基因组学、转录组学、蛋白质组学等组学信息的研究，深入探索香螺重要性状的基因定位和功能鉴定。同时，还应积极利用现代生物技术，如基因编辑、基因转移等，开展香螺的遗传育种工作，推动遗传育种技术的创新和发展。

综上所述，香螺遗传育种研究在取得一些成果的同时，仍然面临着遗传多样性评估和利用不足、遗传育种目标和方法不明确、遗传育种理论和技术支撑不足等问题和挑战。为了推动香螺遗传育种研究的深入和发展，需要加强对这些问题的研究，制定科学的遗传育种方案和技术路线，加强理论和技术支撑，提高香螺的遗传品质和产量，为海洋渔业和海洋生物科技领域的发展做出更大的贡献。

7.5 香螺的遗传育种展望和建议

香螺作为一种重要的水产养殖资源，具有较高的经济和药用价值，开展香螺的遗传育种研究，是保护和利用香螺资源的重要途径。为了提高香螺的遗传育种水平和效果，促进香螺的产业发展和社会效益，笔者提出以下几点展望和建议：

（1）加强香螺的遗传多样性的评估和利用　利用多种分子标记技术，对香螺的不同地理群体和不同种属进行全面和系统的遗传多样性分析，揭示香螺的遗传结构和遗传关系，评估香螺遗传资源的丰富程度和潜在价值，为香螺的遗传育种提供科学的依据和材料。

（2）明确香螺遗传育种的目标和方法　根据市场需求和消费者喜好，确定香螺遗传育种的主要目标和次要目标，制定科学的遗传育种方案和技术路线，采用合理的遗传育种方法，如人工选择、杂交、诱变等，培育出优良的香螺品种或品系，同时进行系统的遗传育种效果的评价和验证，为香螺的品种推广和应用提供技术支持。

（3）利用现代生物技术进行香螺的遗传育种　利用高通量测序技术，对香螺的基因组、转录组、蛋白质组等组学信息进行获取和分析，构建香螺的基因组图谱和功能注释，开展对香螺的重要性状的基因定位和功能鉴定，筛选出与香螺的生长、繁殖、抗病、适应性等性状相关的候选基因或标记，利用基因编辑等现代生物技术，对香螺的目标基因或标记进行操作和改造，培育出具有新的性状或优化的优良性状的香螺新品种，为香螺的遗传育种提供新的思路和手段。

8 香螺食品开发和加工工艺

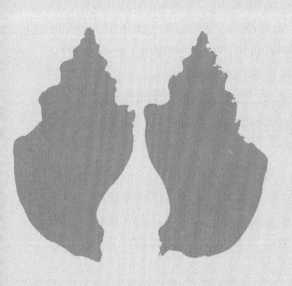

香螺是富含高质量蛋白质和多种微量元素的海洋生物，以其独特的口感和风味，深受人们的喜爱。

首先，从营养角度来看，香螺的肉质细腻且鲜美，营养价值极高。其蛋白质含量丰富，远超许多常见的食材，且含有人体必需的氨基酸，易于消化吸收。此外，香螺还含有多糖等多种营养成分，这些成分对于维持人体健康增强免疫力有着重要的作用。因此，香螺被视为食疗滋补的佳品，受到了广大消费者的喜爱。

其次，香螺的受欢迎程度，也得益于它的美味口感。无论是炒、煮、烤还是蒸，香螺都能展现出其独特的鲜美味道，让人回味无穷。同时，香螺的口感细腻且富有弹性，咀嚼起来既能感受到其鲜美的肉质，又能享受到细腻的口感。

随着香螺消费市场的不断扩大，香螺的加工工艺和食品开发也得到了更多的关注和创新。为了满足日益增长的消费需求，许多食品企业开始研发各种香螺食品，如香螺罐头、香螺干、香螺酱等，这些食品不仅保留了香螺的鲜美口感和营养价值，还更加方便携带和食用，为消费者提供了更多的选择。

最后，香螺的加工过程中也应注重环保和可持续发展。在捕捞、加工和销售等环节，都应严格遵守环保法规，确保香螺资源的可持续利用。同时，许多企业还通过技术创新，提高香螺的加工效率，减少能源消耗和废弃物产生，以实现绿色、环保的生产。

总的来说，香螺作为一种营养丰富、口感独特的海产品，已经越来越受到人们的喜爱。随着消费市场的不断扩大和加工工艺的不断创新，香螺的未来发展前景将更加广阔。期待更多的食品企业能够加入香螺食品的研发和生产中来，为消费者提供更多美味、方便、营养的香螺产品，让更多的人能够享受到香螺带来的美食体验。

8.1 香螺营养价值和药用价值

香螺营养价值十分丰富，适合人类营养需求。研究发现，新鲜香螺肌肉蛋白质含量为 18.6%，脂肪含量为 0.6%。相比之下，禽畜肉类的蛋白质含量在 10%～20%，脂肪含量在 10%～36%；鱼类的蛋白质含量在 15%～25%，脂肪含量在 1%～4%。与其他海产双壳贝类相比，香螺的蛋白质含量高于栉孔扇贝（*Chlamys farrer*）、毛蚶（*Scapharca subcrenata*）、紫贻贝（*Mytilus edulis*）等常见食用双壳贝类，而脂肪含量则低于扁玉螺（*Glossaulax didyma*）。由此可见，香螺的蛋白质含量高于畜禽类和一般海产类食物，且脂肪含量较低，属于高蛋白、低脂肪的理想食材。

此外，香螺肌肉中的氨基酸总量（TAA）为 62.6%，高于方斑东风螺（59.95%）和波部东风螺（59.33%），与九孔鲍（*Haliotis diversicolor*）（62.37%）的含量相近。香螺肌肉中共检测到 17 种氨基酸，其中必需氨基酸含量高于短蛸（*Octopus ocellatus*）（32.88%）、大竹蛏（*Solen grandis*）（33.52%）和马氏珠母贝（*Pinctada martensi*）（37.92%）。这些数据表明，香螺肌肉是一种氨基酸种类较全面且含量较高，营养价值较高的优良食物。

香螺肌肉中脂肪酸含量丰富，其中不饱和脂肪酸占总脂肪酸含量的 77.45%，高于方斑东风螺（44.3%）与波部东风螺（41.2%），与绝大多数贝类和鱼类相近。不饱和脂肪酸具有降低胆固醇、降低血液黏稠度、提高脑细胞活性等功效。此外，香螺肌肉中还含有被称为"脑黄金"的必需脂肪酸，如 EPA（20:5n-3）和 DHA（22:6n-3），这些脂肪酸具有促进脑与视网膜形成、延缓脑的衰老、防治心血管疾病、抑制肿瘤生长和抗炎、抑制过敏反应等作用。在香螺中，这两种必需脂肪酸的含量占 18.2%，因此，香螺肌肉是摄取 DHA 与 EPA 以及其他脂肪酸的理想食源。

香螺还含有丰富的微量元素，每百克香螺肉含维生素 B_6 20.24mg、维生素 B_3 3.3mg、钙 91mg、铁 3.2mg、锌 2.8mg、磷 109mg、硒 79.2mg 等。肌肉中的呈味氨基酸含量为 34.01%，占氨基酸总量的 54.33%，使其成为一道美味可口的海鲜佳品。

除了作为美食外，香螺在中医药领域也扮演着重要的角色，为众多疾病的治疗提供了独特的天然药物来源。研究表明，香螺的唾液腺中含有一种名为含氨毒素的特殊成分，这种成分具有稳定心率的功能，对于治疗心血管疾病具有潜在的疗效，这一发现为心血管疾病的治疗提供了新的思路和方法。

此外，香螺的壳也是宝贵的药材。经过研磨成粉末后，螺壳可以煎服，具有化痰消炎、镇肝息风的功效。香螺壳的药用价值不仅在于其内部含有的丰富矿物质和微量元素，还在于其独特的物理结构。螺壳经过研磨后形成的粉末，具有细腻的质地和良好的吸附性能，能够有效地吸附体内的有害物质，促进身体的排毒和代谢。

除了上述的药用价值外，香螺在中医药领域还有其他的应用。例如，香螺的黏液被认为具有滋阴润燥、养血益精的功效，可用于治疗肺燥咳嗽、虚劳久病等症状。此外，香螺还被用于治疗胃痛、黄疸等疾病，其独特的药效为众多患者带来了希望和康复。

综上所述，香螺作为一种常见的海洋生物，不仅具有丰富的营养价值，还是一种具有神奇药用价值的天然药材。它的多种药用成分和独特的药效，为治疗多种疾病提供了有益的帮助。有理由相信，香螺的药用价值将得到更深入的挖掘和利用，为人类健康事业的发展做出更大的贡献。

8.2　香螺产品的加工工艺

香螺普遍作为食材食用，通常做法用多种烹调方式将螺肉制作成食品，其中爆炒香螺、芙蓉香螺都是筵席名菜。鲜活香螺在食用之前要进行加工。香螺肉的初加工分生取肉和熟取肉：生取肉是将香螺壳砸碎，取出肉，掐去螺尾，揭去螺头上的硬质胶盖，去掉螺黄，用盐和醋搓去黏液，清水洗净，生取肉出肉率较低；熟取肉是将香螺放入冷水锅中煮，至肉壳分离时捞出，再分离出螺肉，虽然出肉率高，但是肉色灰白，质地糯软。新鲜的香螺必须鲜活、肥嫩、含水量多，当肉呈灰白色、肉质松散、出现异味时，说明香螺已变质。有了香螺的肉，就可以用卤、炸、涮等烹调方式进行烹调，还可以制成干品。

香螺的深加工产品常见的有香螺罐头，还包括一系列创新和多样化的产品。

香螺罐头：将香螺加工成罐头，便于保存和运输。香螺罐头可以直接食用，也可以作为调味料添加到各种菜肴中。

香螺酱：将香螺制成酱料，可以作为调味品或蘸料使用。香螺酱可以单独制作，也可以与其他海鲜或调味料混合制成特色酱料。

香螺粉：将香螺加工成粉末状，可以用于制作面食、调味品或添加到调味料中。香螺粉富含蛋白质和矿物质，具有较高营养价值。

香螺丸：将香螺肉加工成丸子状，可以作为主食或添加到汤中。香螺丸可以搭配各种配料和调味料，丰富口感和风味。

香螺饺子馅：将香螺肉和其他配料混合制成饺子馅，可以制作香螺饺子。香螺饺子可蒸、煮或煎食用，是一道传统的美食。

香螺海鲜调理品：将香螺与其他海鲜制成混合调理品，如香螺海鲜沙拉、香螺海鲜炒饭等。这些产品可以结合多种口味和食材，丰富香螺的用途和风味。

目前，加工工艺较为成熟且市场上最为常见的就是香螺罐头，其加工流程大体为：滚筒清洗—饿养吐沙—臭氧消毒—配料装瓶—真空旋盖—高温杀菌—分步冷却—检验—贴标塑封—装箱待运。由于香螺带壳，清洗的时候很难100%除净壳内污物，故杀菌前要用臭氧水浸泡。除了高温杀菌，香螺罐头制作中可将螺肉进行巴氏杀菌。封口后的螺肉要立即装入不锈钢小篮中，送入不锈钢槽中杀菌，水温保持在85℃以上，时间保持在120min以上，槽内的水浴温度高于87℃的时间累计不少于60min，使香螺肉中心温度达到85℃以上的时间持续15min。水槽水温必须进行热分布验证。杀菌过程应有温度自动监测记录。将杀菌后的袋装香螺肉放入冰水槽冷却，水温保持在2℃以下，时间为90min，使螺肉中心温度降到3℃以下。槽中冷却水余氯含量控制在1～3mg/L。

在罐头做好后，要进行微生物检测，并对其进行感官评定，以确定罐头是否合格，是否可以让消费者食用，而且在这过程中可以找出方法让罐头的保质期延长。影响螺类罐头品质的因素有很多，诸永志等（2007）在研究青螺罐头加工工艺的时候提出灭菌时间、汤汁、pH、灭菌温度以及防腐剂添加量是影响罐头保质期的重要因素，最终确定灭菌温度121℃、灭菌时间30min、双乙酸钠添加量0.3%为延长保质期的最佳工艺参数。

这些深加工产品在丰富了香螺用途的同时，也满足了消费者对于多元选择、方便食品和美味佳肴的需求。随着技术的不断创新，未来还有更多深加工产品会涌现出来。

附录1 发明专利"外延深水海域香螺养殖方法"

本发明（公开号 CN 101073313A）公开了一种海洋香螺的养殖方法，该方法利用自然采集的香螺苗，通过人工集中饲养的方式，提高了香螺的生长效率和产量。该方法包括采苗、放养和收获三个步骤。其中，采苗是在夏季用网袋或网笼采集附着在牡蛎壳、扇贝壳等基质上的香螺苗；放养是在次年春季将香螺苗放入吊笼，设置在水深、流速、透明度和盐度适宜的海域，用贻贝、虾夷扇贝等作为饵料，保持饵料充足，同时清除杂质；收获是在冬季水温降低时，将吊笼中的香螺捞出，得到成品。该方法具有养殖成本低、劳动强度小、操作管理方便、产量高、品质好等优点，是一种具有较高经济价值的渔业技术。发明关键技术如下：

采苗器是用于采集香螺苗的工具，可以是网袋或网笼，其材质要能够被贝类附着，其尺寸要适合放入水中。采苗器中要放入牡蛎壳、扇贝壳、旧网衣等作为螺苗附着基，这些基质要有足够的表面积，以便螺苗能够广泛分布。采苗器的数量和投放时间要根据海域的水温、流速、盐度、透明度等因素确定，一般从每年7月中旬至8月底每隔10d投放一次，投放的水深范围为1.5～4m。

附苗管理是指在采苗器下海后，对附着在采苗器上的螺苗进行观察和测量的过程。附苗管理要定期进行，一般每隔5～10d检查一次，主要检查附苗的数量、大小、分布、健康状况等，同时检查采苗器中饵料的生物量，如饵料不足要及时补充。附苗管理还要注意防止采苗器被其他海洋生物或人为因素破坏，如发现有损坏要及时修复或更换。附苗管理的目的是保证螺苗的质量和数量，以便进行后续的放养。

吊笼是用于放养香螺苗的工具，可以是现有的养殖扇贝的吊笼，其材质要能够承受海水的腐蚀，其尺寸要适合放入水中。吊笼的数量和放置位置要根据海域的水深、流速、透明度、盐度等因素确定，一般设在水深10～20m，流速0.3～0.4m/s，透明度1～1.5m，盐度27～31的海域。吊笼的水层要控制在8～15m，以便获得适宜的光照和温度。吊笼的放养密度要根据螺苗的大小确定，一般个体3cm以上的，每层放15～20个；个体3cm以下的，每层放20～25个。

饵料投放是指在放养过程中，对吊笼中的香螺进行人工投喂的过程。饵料投放要保证饵料的质量和数量，以满足香螺的营养需求。饵料的种类可以是贻贝、虾夷扇贝等，其大小要适合香螺的口腔，其数量要根据香螺的食量和吊笼的容量确定。饵料投放的时间要根据海域的季节和水温变化确定，一般4—10月为香螺快速生长期，每3d投料1次；11月至次年3月为香螺缓慢生长期，每7d投料一次。饵料投放的目的是促进香螺的生长发育，提高香螺的个体重量和品质。

清除杂质是指在放养过程中，对吊笼进行清洁和维护的过程。清除杂质要定期进行，一般每次投料时对笼子进行简单清除，每隔1～2个月对笼子进行彻底清除。清除杂质的内容主要是清除吊笼上附着的海藻、贻贝苗等小型贝类，清除饵料贝的贝壳和其他杂质，清除吊笼内的死亡或病弱的香螺，清除吊笼外的渔网、渔具等人为因素。清除杂质的目的是保持吊笼的通风和透光，防止香螺的窒息和感染，减少香螺的死亡率和损失率。

收获是指在放养结束后，将吊笼中的香螺捞出，得到成品的过程。收获的时间要根据海域的水温变化确定，一般在水温降至5℃后，即可进行收获，此时香螺已经停止摄食，生长缓慢，品质最佳。收获的方法是将吊笼从水中提起，将吊笼中的香螺倒出，进行清洗、分级、包装等处理，得到符合市场要求的香螺产品。收获的目的是实现香螺的商品化，满足市场需求，增加渔民收入。

附录 2　发明专利"一种含有银杏粉的香螺人工配合饲料"

　　本发明（公布号 CN 102550846 A）公开了一种香螺的人工配合饲料，该饲料在基础饲料中添加了银杏粉和虾肉粉，以提高香螺的适口性和营养价值，同时使用豆粕和海藻粉部分或完全替代鱼粉，以降低饲料成本和环境污染。该饲料的配方包括多种蛋白质、维生素、矿物质、胆碱等成分。其生产方法是将原料进行清洗、磁选、配制、粉碎、混合、包装等工艺，得到粉状的饲料产品。该饲料具有养殖效率高、饵料系数低、抗病力强、品质好等优点，是一种具有较高经济价值的渔业技术。

（一）发明关键技术

　　银杏粉是从银杏叶中提取的一种天然植物粉末，含有多种生物活性成分，如银杏内酯、银杏酚酸等，具有抗氧化、抗炎、抗菌、抗病毒、抗血栓、改善微循环等作用。银杏粉的添加量为基础饲料重量的 0.001%～3%，过高或过低都会影响香螺的生长和健康。

　　虾肉粉是从虾肉中提取的一种高蛋白、高氨基酸、高无机盐的动物性粉末，含有多种对香螺有益的营养素，如甲壳素、虾青素、虾红素等，具有增强香螺的免疫力、促进香螺的色泽、提高香螺的适口性等作用。虾肉粉的添加量为基础饲料重量的 0.01%～10%，适当增加虾肉粉的比例可以提高香螺的生长速度和品质。

　　豆粕是从大豆中提取的一种植物性原料，含有丰富的蛋白质、脂肪、纤维、矿物质、维生素等，是一种常用的饲料原料，具有降低饲料成本、提高饲料利用率、减少饲料对环境的污染等作用。豆粕的添加量为基础饲料重量的 10.5%～30.5%，部分或完全替代鱼粉，可以降低香螺养殖对渔业资源的依赖和消耗。

　　海藻粉是从海藻中提取的一种植物性粉末，含有多种对香螺有益的营养素，如多糖、藻胆蛋白、藻酸盐、碘、硒等，具有增强香螺的免疫力、抗氧化能力、抗病毒能力、调节香螺的内分泌等作用。海藻粉的添加量为基础饲料重量的 2%～8%，适当增加海藻粉的比例可以提高香螺的生理功能和健康水平。

（二）实施应用效果

使用本发明的饲料进行香螺养殖，与对照组相比：幼螺增重率提高了18.75%，平均壳高达到 7.5cm，平均重量达到 85g；幼螺软体组织蛋白质含量提高 20.3%，脂肪含量降低 15.5%，肉质鲜美，品质优良；死亡率从 15%降低到 3%，饲料系数从 4.0 降低到 2.0，养殖成本降低 55%，养殖效益显著提高。

附录3 发明专利"一种香螺的人工培育方法"

本发明（公开号 CN 101595848A）公开了一种香螺的人工培育方法，该方法通过对亲螺的选取、培育、产卵和孵化等步骤，实现了香螺的人工繁殖和育苗。该方法包括将亲螺装入网笼进行海域蓄养，用贻贝、虾夷扇贝等作为饲料，保持网笼的通风和透光，当水温达到适宜的温度时，收集亲螺产下的卵袋，将卵袋放入室内水槽进行孵化培育，用微小浮游植物作为饲料，保持水槽的水质和水温，当稚螺壳高达到一定的大小时，将稚螺移入海域进行放养。该方法具有操作简单、成本低、效率高、成活率高、品质好等优点，是一种具有较高经济价值的渔业技术。发明关键技术如下：

亲螺选取过程中，要选择壳高 5～7cm，体重 50～80g，壳色鲜艳、肉质饱满、无病无残的香螺作为亲螺，每 666.67m² 水面选取 2 000～3 000只。

亲螺培育过程中，要将亲螺装入网笼进行海域蓄养，每层放 8 个亲螺，每吊 10 层，每 666.67m² 水面放置 4～6 个网笼，网笼的水深控制在3～5m，网笼的间距控制在 5～10m。亲螺的饲料主要是贻贝、牡蛎等，每隔 3～5d 投喂一次，每次投喂量为亲螺体重的 5%～10%，同时要定期清理网笼内的死亡或病弱的亲螺，保持网笼的通风和透光。

产卵亲螺的培育过程中，要将亲螺从网笼中捞出，进行分级和性别鉴定，将壳高 6～7cm、体重 60～80g、雌雄比例为 1：1 的亲螺分别装入网袋，每袋放 10 只，每 666.67m² 水面放置 100～150 袋，网袋的水深控制在 1～2m，网袋的间距控制在 1～2m。产卵亲螺的饲料主要是贻贝、牡蛎等，每隔 2～3d 投喂一次，每次投喂量为亲螺体重的 10%～15%，同时要定期清理网袋内的死亡或病弱的亲螺，保持网袋的通风和透光。产卵亲螺的培育时间为每年 4—6 月，当水温达到 18～22℃时，亲螺开始产卵，产卵后收集卵袋进行室内孵化培育。

稚螺培育过程中，要将卵袋放入室内水槽中，水槽的水深控制在 20～30cm，水温控制在 18～22℃，pH 控制在 7.5～8.5，溶氧量控制在 5～7mg/L，盐度控制在 25～30，光照时长控制在 12h/d，水流控制在 0.1～0.2m/s。卵袋的密度控制在每平方米放置 10～15 个，卵袋的间距控制在 10～15cm。当稚螺在卵袋内螺壳已经形成将要孵出时，纵向破开卵袋，将稚螺释放到水槽中。稚螺的饲料主要是微小浮游植物，如硅藻、金藻等，每隔 2～3h 投喂一次，每次投喂量为水体体积的 10%～15%，同时要定期更换水槽中的水，保持水质的清洁和稳定。稚螺的培育时间为 20～30d，当稚螺壳高达到 0.5～0.8cm 时，即可移入海域进行放养。

REFERENCES 参 考文献

安立会，张燕强，宋双双，等，2013. 渤海湾有机锡污染对野生脉红螺的生态风险 [J].
环境科学，34（4）：1369-1373.

贾月，郝振林，丁君，2013. 高温对虾夷扇贝体腔液免疫酶活力的影响 [J]. 水产学报，
37（6）：858-863.

陈国珍，朱静，田杰，等，2008. 组蛋白乙酰化酶 p300 和 CREB 结合蛋白在小鼠胚胎心
发育中的时序表达 [J]. 解剖学杂志，4：480-482.

陈万里，张燕，陆虹，等，2006. 方斑东风螺抗病育种研究 [J]. 上海海洋大学学报，15
（3）：306-310.

陈晓婉，2003. 急性香螺中毒 16 例分析 [J]. 海南医学.14（9）：70-71.

迟淑艳，周歧存，周健斌，等，2007. 华南沿海 5 种养殖贝类营养成分的比较分析 [J].
水产科学，26（2）：80-82.

狄桂兰，张朝霞，孔祥会，等，2017. 方斑东风螺"脱壳病"病原及病理初步研究 [J].
水产科学，36（4）：411-420.

董长永，侯林，隋娜，等，2008. 中国沿海蛾螺科 5 属 10 种 28S $rRNA$ 基因的系统学分
析 [J]. 动物学报，54（5）：814-821.

付敬强，游伟伟，骆轩，等，2023. 东风螺生物学与遗传育种研究进展 [J]. 厦门大学学
报（自然科学版），62（3）：356-364.

高岩，2004. 香螺生殖生物学研究 [D]. 大连：辽宁师范大学.

高振锟，2016. 环境胁迫对虾夷扇贝生理、免疫指标及行为学特性的影响 [D]. 上海：
上海海洋大学.

戈贤平，李明，彭景书，等，2011. 方斑东风螺单孢子虫病的研究 [J]. 水生生物学报，
35（5）：803-807.

葛新凡，2023. 香螺胚胎发育形态学观察及转录组学和蛋白组学联合分析 [D]. 大连：
大连海洋大学.

郭栋，刘修泽，王爱勇，等，2015. 辽东湾香螺资源的分布研究 [J]. 水产科学，11：
718-721.

郝振林，王煜，于洋洋，等，2016. 香螺肌肉营养成分分析及评价 [J]. 大连大学学报，
37（6）：66-70.

黄瑜，汪志文，周纬，等，2016. 徐闻方斑东风螺暴发性疾病病原分离鉴定以及防治手段
探索 [J]. 基因组学与应用生物学，35（12）：3401-3409.

李凤兰，林民玉，2000. 中国近海蛾螺科的初步研究Ⅰ. 唇齿螺属及甲虫螺属 [J]. 海洋

科学集刊，1：112-119.

李华煜，王元宁，孟良，等，2023. 饵料、温度对香螺摄食的影响 [J]. 海洋科学，47
　　（8）：17-22.

李荣冠，2003. 中国海陆架及邻近海域大型底栖生物 [M]. 北京：海洋出版社.

廖顺尧，鲁成，2000. 动物线粒体基因组研究进展 [J]. 生物化学与生物物理进展，27
　　（5）：508-512.

林琛，2007. 氨基酸等对方斑东风螺诱食作用及几种相关摄食器官组织学的研究 [D].
　　海口：海南大学.

刘欣，2016. 基于日本沼虾转录组的免疫基因发掘 [D]. 保定：河北大学.

刘月英，王耀先，张文珍，1980. 我国蚬螺科新纪录 [J]. 动物分类学报（英文）
　　（3）：34.

罗俊标，骆明飞，李兵，等，2014. 配合饲料中不同蛋白含量对方斑东风螺稚螺生长和体
　　组成的影响 [J]. 水产养殖，35（1）：11-16.

吕文刚，2016. 方斑东风螺生长性状的遗传与育种研究 [D]. 厦门：厦门大学.

裴琨，2006. 方斑东风螺工厂化养殖的关键技术 [J]. 水产科技情报，33（3）：107-111.

齐钟彦，1989. 黄渤海的软体动物 [M]. 北京：中国农业出版社.

沈开惠，1998. 带壳贝类罐头研究 [J]. 中国水产，8：40.

沈铭辉，符芳霞，吕文刚，等，2015. 海南省东风螺养殖产业现状和展望 [J]. 安徽农业
　　科学，43（26）：144-145.

沈文英，余东游，李卫芬，等，2009. 地衣芽孢杆菌对黄瓜幼苗生长及根系生理生化特性
　　的影响 [J]. 长江蔬菜（14）：9-13.

施永海，张根玉，张海明，等，2014. 配合饲料和活饲料对刀鲚幼鱼生长、存活和消化
　　酶、非特异性免疫酶、代谢酶及抗氧化酶活性的影响 [J]. 水产学报，38（12）：
　　2029-2038.

宋子刚，1996. 试述鲜活香螺的加工与烹调 [J]. 中国食品，10：21.

谭燕华，王冬梅，沈文涛，等，2011. 方斑东风螺配合饲料中硒的添加量研究 [J]. 饲料
　　工业，32（22）：8-11.

陶平，许庆陵，谭淑荣，等，2000. 大连沿海几种腹足类和双壳类的营养成分分析 [J].
　　辽宁师范大学学报，2：182-186.

王冬梅，唐道文，王维娜，等，2008. 方斑东风螺脂肪需求量的研究 [J]. 饲料研究，4：
　　59-61.

王冬梅，王茜，方哲，等，2013. 方斑东风螺配合饲料中维生素 D 的适量添加量研究
　　[J]. 中国饲料，12：28-30，35.

王国福，张瑞姿，曾令明，等，2008. 方斑东风螺肉壳分离病的防治方法 [J]. 河北渔
　　业，8：37-40.

王建钢，乔振国，2011. 方斑东风螺肉壳分离病病因的初步研究 [J]. 现代渔业信息，26
　　（10）：16-18.

王建钢，乔振国，2016. 方斑东风螺"急性死亡症"的病原及初步治疗研究 [J]. 水产科
　　学，35（5）：532-536.

吴建国，黄兆斌，王波，等，2009. 不同蛋白源饲料对方斑东风螺生长的影响 [J]. 厦门

大学学报（自然科学版），48（4）：600-605.

吴业阳，2012. 方斑东风螺铜、锰、锌需求量及两种锌源生物学效价的研究［D］. 湛江：广东海洋大学.

杨德渐，王永良，马绣同，1996. 中国北部海洋无脊椎动物［M］. 北京：高等教育出版社.

杨荣超，胡守荣，梁剑锋，等，2018. 不同浓度灸根对黄瓜幼苗生长及根系生理生化特性的影响［J］. 长江蔬菜，2018（14）：9-13.

杨亚男，叶海辉，尚丽丽，等，2012. 刀额新对虾周期蛋白 B 基因的分子克隆及序列分析［J］. 厦门大学学报（自然科学版），51（4）：753-758.

杨原志，吴业阳，董晓惠，等，2013. 方斑东风螺饲料中锌需要量的研究［J］. 动物营养学报，25（3）：643-650.

虞晋晋，叶海辉，黄辉洋，2006. 水生动物细胞周期蛋白研究进展［J］. 厦门大学学报（自然科学版），S2：185-189.

张旦旦，2022. 基于简化基因组和转录组技术的香螺种群遗传特征及环境适应机制研究［D］. 大连：大连海洋大学.

张旦旦，王煜，李卓，等，2021. 香螺线粒体 COX Ⅰ 和 CYTB 基因遗传多样性研究［J］. 大连海洋大学学报，36（4）：612-619.

张丽丽，2009. 方斑东风螺（Babylonia areolate）对饲料糖的利用研究［D］. 湛江：广东海洋大学.

张丽丽，周歧存，程怡秋，等，2009. 不同糖源对方斑东风螺生长、肌肉组成、消化酶活性和抗氧化指标的影响［J］. 广东海洋大学学报，29（4）：14-18.

张倩鸿，王绍军，田莹，等，2022. 溶解氧对香螺行为、抗氧化酶活性及组织结构的影响［J］. 大连海洋大学学报，37（4），643-649.

张树乾，张素萍，2014. 中国近海蛾螺科系统分类学研究现状与展望［J］. 海洋科学，38（1）：102-106.

张素萍，2008. 软体动物门、腹足纲［M］//刘瑞玉. 中国海洋生物名录. 北京：科学出版社.

张新中，文万侥，冯永勤，等，2010. 方斑东风螺肿吻症病原菌的分离鉴定及药敏分析［J］. 海洋科学，251（5）：9-14.

张旭峰，杨大佐，周一兵，等，2014. 温度、盐度对香螺幼螺耗氧率和排氨率的影响［J］. 大连海洋大学学报，29（3）：251-255.

赵旺，吴开畅，王江勇，等，2016. 方斑东风螺"翻背症"的病原及初步治疗研究［J］. 水产科学，35（5）：532-536.

赵旺，杨蕊，吴开畅，等，2020. "翻背症"对方斑东风螺主要消化酶及免疫相关酶的影响［J］. 水产学报，44（9）：1502-1512.

郑养福，2007. 方斑东风螺浮游期聚缩虫病的防治［J］. 福建水产，2（1）：48-51.

周名江，李正炎，颜天，等，1994. 海洋环境中的有机锡及其对海洋生物的影响［J］. 环境科学进展，2（4）：67-76.

周明帅，温晓艳，张艳，等，2022. COL1A1 基因在贵州黑山羊性腺轴中的表达及其对产羔相关基因的影响［J］. 农业生物技术学报，30（11）：2152-2162.

朱建业，2020. 不同饲料对香螺生长的影响及肝脏转录组分析 ［D］. 大连：大连海洋大学.

诸永志，李超，李勇，等，2007. 青螺罐头加工工艺研究 ［J］. 江苏农业科学，5：200-202.

Avise J C，2009. Phylogeography：retrospect and prospect ［J］. J Biogeogr，36：3-5.

Blackmore G，2000. Imposex in *Thais clavigera* （Neogastropoda） as an indicator of TBT （tributyltin） bioavailability in coastal waters of HongKong ［J］. Journal of Molluscan Studies，66 （1）：1-8.

Chaitanawisuti N，Kritsanapun S，Santhaweesuk W，2011. Effects of dietary protein and lipid levels and protein to energy ratios on growth performance and feed utilization of hatchery- reared juvenile spotted babylon （*Babylonia areolata*） ［J］. Aquaculture International，19：13-21.

Chen F，Ke C，Wang D X，et al.，2009. Isolation and characterization of microsatellite loci in *Babylonia areolata* and cross-species amplification in *Babylonia formosae habei* ［J］. Molecular Ecology Resources，9 （2）：661-663.

Chen F，Luo X，Wang D X，et al.，2010. Population structure of the spotted babylon，*Babylonia areolata*，in three wild populations along the Chinese coastline revealed using AFLP fingerprinting ［J］. Biochemical Systematics and Ecology，38 （6）：1103-1110.

Francesca P，Elena C，Maria G，et al.，2004. Concentrations of organotin compounds and imposex in the gastropod *Hexaplex traunculus* from the lagoon of Venice ［J］. Science of the Total Environment，332：89-101.

Frédérich B，Liu S Y V，Dai C F，2012. Morphological and genetic divergences in a coral reef damselfish，*Pomacentrus coelestis* ［J］. Evolutionary Biology，39 （3）：359-370.

Fu J Q，Lü W G，Li W D，et al.，2017. Comparative assessment of the genetic variation in selectively bred generations from two geographically distinct populations of Ivory shell （*Babylonia areolata*） ［J］. Aquaculture Research，48 （8）：4205-4218.

Hao Z L，Yang L M，Zhan Y Y，et al.，2016. The complete mitochondrial genome of *Neptunea arthritica cumingii* Crosse （Gastropoda：Buccinidae） ［J］. Mitochondrial DNA Part B，1 （1）：220-221.

Hughes R N，1986. A functional biology of marine gastropods ［M］. London and Sydney：Croom Helm.

Hulmes D J S，2002. Building collagen molecules，fibrils，and suprafibrillar structures ［J］. Journal of structural biology，137 （1-2）：2-10.

Jacobs H W，Knob lich J A，Lehner C F，et al.，1998. Drosophila cyclin B3 is required for female fertility and is dispensable formitosis like cyclin B ［J］. Genes Dev，12：3741-3751.

Jerome A W，John A M R，2000. Immunology of collagen-based biomaterials ［C］// Donald L W. Biomaterials and bioengineering handbook. USA：Marcel Dekker Inc.

Jung J P，Yun K S，Silas S O H，et al.，2015. Reproductive impairment and intersexuality in *Gomphina veneriformis* （Bivalvia：Veneridae） by the tributyltin compound ［J］. Animal Cells and Systems，19：61-68.

Laughlin R B, Linden O, 1985. Fate and effect of organotin compounds [J]. AMBIO, 14: 88-94.

Lee S C, Chao S M, 2003. Shallow-water marine shells from northeastern Taiwan [J]. Coll and Res, 16: 29-59.

Lü W G, KecH, Fu J Q, et al., 2016. Evaluation of crossovers between two geographic populations of native Chinese and introduced Thai spotted ivory shell, *Babylonia areolata*, in Southern China [J]. Journal of the World Aquaculture Society, 47 (4): 544-554.

Lü W G, Zhong M C, Fu J Q, et al., 2020. Comparison and optimal prediction of growth of *Babylonia areolata* and *B. lutosa* [J]. Aquaculture Reports, 18: 100425.

Michael W M, 2016. Cyclin CYB-3 controls both S-phase and mitosis and is asymmetrically distributed in the early *C. elegans* embryo [J]. Development, 143 (17): 3119-3127.

Miranda R M, Fujinaga K, Ilano AS, et al., 2007. Incidence of imposex and parasite infection in *Neptunea arthritica* at Saroma Lagoon and their relationship [J]. Aquaculture Science, 55 (1): 9-15.

Miranda R M, Fujinaga K, Ilano AS, et al., 2009. Effects of imposex and parasite infection on the reproductive features of the Neptune whelk *Neptunea arthritica* [J]. Marine Biology Research, 5: 268-277.

Miranda R M, Lombardo R C, Goshima S, 2008. Copulation behaviour of *Neptunea arthritica*: baseline considerations on broodstocks as the first step for seed production technology development [J]. Aquaculture Research, 39: 283-290.

Nishikawa J, Mamiya S, Kanayama T, et al., 2004. Involvement of the retinoid X receptor in the development of imposex caused by organotins in gastropods [J]. Environmental Science & Technology, 38: 6271-6276.

Parsell D A, Lindquist S, 1993. The function of heat-shock proteins in stress tolerance: Degradation and reactivation of damaged proteins [J]. Annual Review of Genetics, 27 (1): 437-496.

Petracco M, Camargo R M, Berenguel T A, et al., 2015. Evaluation of the use of *Olivella minuta* (Gastropoda, Olividae) and *Hastula cinerea* (Gastropoda, Terebridae) as TBT sentinels for sandy coastal habitats [J]. Environmental Monitoring and Assessment, 187: 440.

Pushpavalli S, Sarkar A, Bag I, et al., 2014. Argonaute-1 functions as a mitotic regulator by controlling Cyclin B during Drosophila early embryogenesis [J]. The FASEB Journal, 28 (2): 655.

Ronis M J, Mason A Z, 1996. The metabolism of testosterone by the periwinkle (*Littorina littorea*) *in vitro* and *in vivo*: effects of tributyltin [J]. Marine Environmental Research, 42: 161-166.

Sole M, Morcillo Y, Porte C, 1998. Imposex in the commercial snail *Bolinus brandaris* in the northwestern Mediterranean [J]. Environmental Pollution, 99: 241-246.

Strand J, Asmund G, 2003. Tributyltin accumulation and effects in marine molluscs from

West Greenland [J] . Environmental Pollution, 123: 31-37.

Strong E E, Gargominy O, Ponder W F, et al. , 2008. Global diversity of gastropods (Gastropoda; Mollusca) in freshwater [J] . Hydrobiologia, 595 (1): 149-166.

Sun Y L, Zhang X, Wang G D, et al. , 2016. PI3K AKT signaling pathway is involved in hypoxia-thermal-induced immunosuppression of small abalone *Haliotis diversicolor* [J] . Fish and Shellfish Immunology, 59: 492-508.

Takahashi S, Kakui K, Oishi S, 2001. Organotin-induced imposex in marine gastropods is mediated by an increasing androgen level [J] . Marine Environmental Research, 52 (5): 447-451.

Vella A J, 2002. A review of tributyltin contamination in the Maltese Islands [J] . Mediterranean Marine Science, 3 (1): 39-55.

Yu Z, Hu Z, Song H, et al. , 2020. Aggregation behavior of juvenile *Neptunea cumingii* and effects on seed production [J] . Journal of Oceanology and Limnology, 38 (5): 1590-1598.

Zhou J B, Zhou Q C, Chi S Y, et al. , 2007. Optimal dietary protein requirement for juvenile ivory shell, *Babylonia areolate* [J] . Aquaculture, 270: 186-192.

Zhou Q C, Zhou J B, Chi S Y, et al. , 2007. Effect of dietary lipid level on growth performance, feed utilization and digestive enzyme of juvenile ivory shell, *Babylonia areolata* [J] . Aquaculture, 272: 535-540.

图书在版编目（CIP）数据

香螺遗传育种研究与养殖加工技术 / 王庆志等主编.
北京：中国农业出版社，2024. 12. -- ISBN 978-7-109
-32500-5

Ⅰ. S968.2

中国国家版本馆 CIP 数据核字第 2024ER9239 号

香螺遗传育种研究与养殖加工技术
XIANGLUO YICHUAN YUZHONG YANJIU YU YANGZHI JIAGONG JISHU

中国农业出版社出版

地址：北京市朝阳区麦子店街 18 号楼
邮编：100125
责任编辑：肖　邦　王金环
版式设计：王　晨　　责任校对：张雯婷
印刷：中农印务有限公司
版次：2024 年 12 月第 1 版
印次：2024 年 12 月北京第 1 次印刷
发行：新华书店北京发行所
开本：700mm×1000mm　1/16
印张：9.5　　插页：2
字数：150 千字
定价：70.00 元

彩图 1　香螺（引自《中国水生贝类图谱》）

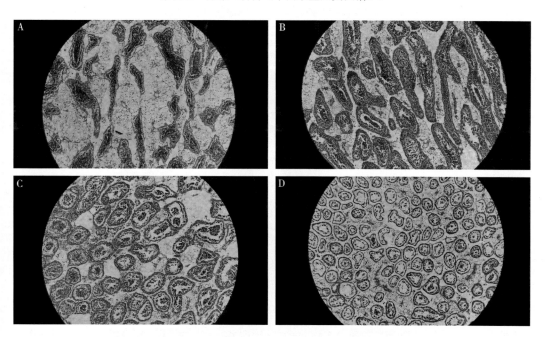

彩图 2　香螺雄性性腺切片（王朔供图）
A. 成熟Ⅰ期　B. 成熟Ⅱ期　C. 生长期　D. 增殖期

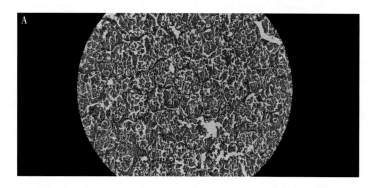

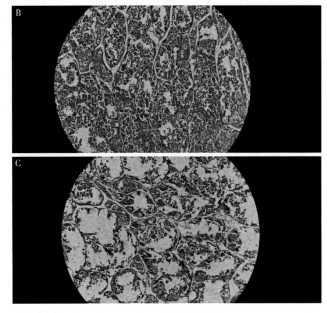

彩图 3　香螺雌性性腺切片（王朔供图）

A. 成熟期　B. 生长期　C. 增殖期

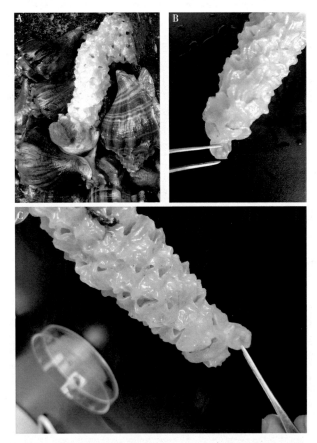

彩图 4　香螺产卵（王庆志供图）

A. 产卵中的香螺　B. 三胞胎　C. 双胞胎

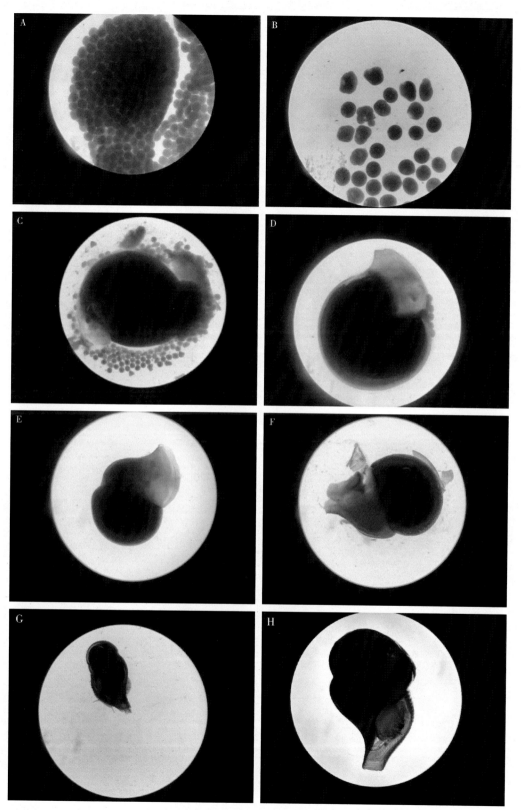

彩图 5　香螺胚胎发育（王朔供图）

A.～B. 卵裂期　C. 卵摄食期　D.～F. 胚壳形成期　G. 壳发达期　H. 稚螺

彩图 6　香螺吊笼孵化（王庆志供图）

彩图 7　香螺网箱孵化（王庆志供图）